Het Vlaamsch neêrhof

Met medewerking van den bestuurder van het "Vlaamsch Hoenderhof" te Kapellen, bij Antwerpen.

door Augustijn Hyacinthus Maria van Speybrouck

met een introductie van Kerby Jackson

Dit werk bevat materiaal dat oorspronkelijk in werd gepubliceerd 1895.

Deze publicatie bevindt zich in het publieke domein.

Deze editie is herdrukt voor educatieve doeleinden en in overeenstemming met alle toepasselijke federale wetten.

Introductie Copyright 2018 door Kerby Jackson

www.campines.net

Invoering

Met genoegen presenteer ik deze speciale herdruk editie van "Het Vlaamsch neêrhof", geschreven door Augustijn Hyacinthus Maria van Speybrouck in 1895.

"Het Vlaamsch neêrhof" is een van de overheersende werken op pluimvee en duiven in de Nederlandse taal en zal van bijzondere waarde blijken te zijn voor diegenen die geïnteresseerd zijn in Belgische rassen, waaronder de Kempische Hoenders, de Brakelsche Hoen, de Mechelsche Koekoek, de Antwerpsche Baarddwergen en de Brugsche Vechters, evenals duivenrassen zoals de Ringslagers en Speelderkes, evenals andere soorten gevogelte.

Zoals een recensent van dit werk opmerkte, "De Vlaamsch Neêrhof, door Aug. van Speybrouck, met de medewerking van de directeur van de 'Vlaamsch Hoenderhof' in Kapellen (nabij Antwerpen) behandelt de verschillende Vlaamse rassen van hanen en kippen: het kippenhok; de verpakking van de eieren, het vet van het gevogelte, de kruising en selectie van de beste vogels, de guano, de pluimen, de hulp bij ziekten en ongevallen; de verschillende Vlaamse duiven uit Duiven en hun voer; de kalkoenen, de Pelhoenders en pauwen; de zwemmende vogels: eenden en ganzen; kunstmatige incubatie en teelt, etc. etc.

Het werk is beoordeeld door experts. De heren Joffroy Nypels, Lambrechts, Van der Snecht en Monseu zijn bekend in de vogelswereld en zij waren het die het label van de Internationale tentoonstelling van Merchtem hebben verzonnen. Welnu, kijk hier, hun mening dat dit verdienstelijke boek onmisbaar is voor alle telers, schilders, kopers en verkopers, we bekronen het ook op de eerste prijs, een diploma en een gouden medaille.

Opmerking: deze editie is een perfect facsimile van de originele editie en staat niet in een modern lettertype. Als gevolg hiervan kunnen typetekens en afbeeldingen lichte onvolkomenheden of kleine schaduwen op de pagina-achtergrond".

Kerby Jackson
www.campines.net

INLEIDING

IN België bestaat er sedert weinige jaren eene Nationale Maatschappij, welker leden tot taak genomen hebben de verbetering van onze inlandsche hoenderrassen. De voorzitters van het grootste getal onzer Belgische vogelteeltbonden maken er deel van, en in ééne van hunne vergaderingen, te Brussel gehouden, konden wij vaststellen welken iever zij aan den dag leggen om onze inheemsche hoenders, die tot over een vijftigtal jaren zelfs, in den vreemde zoo hoog geschat werden, wederom in te brengen en de hoenderhokken van geheel ons land opnieuw er van te voorzien; ja de vreemde, die hier zonder de minste reden hunne plaats hebben ingenomen, voorgoed te verbannen.

Iedereen overtuigen dat onze hanen en hennen, onze duiven en eenden voor geen uitheemsche moeten onderdoen, noch in schoon-, noch in vruchtbaarheid; dat, ver van de hoenderoriën van ons neêrhof te verbeteren, zij niets anders gedaan hebben als ze verslecht, en dat wij de grenzen niet moeten overstappen om vogelen te vinden, die voor het leggen van eieren en leveren van malsch en fijn vleesch alle overtreffen, ziedaar wat zij willen.

De vaderlandsliefde was zeker voor veel er in,

om dit gedacht te doen ontstaan, maar ook het belang van den landbouwer en van den hoenderenliefhebber. Ook zullen zij de laatsten niet zijn om de leden van de Nationale Maatschappij eene behulpzame hand te bieden.

Onze akkerlieden worden in deze dagen te zeer beproefd om niet met erkentenis alle ondersteuning te zien opdagen. Wanneer het graan op de markt geen geld meer weerd is, zullen zij het liever inhouden en zich toeleggen op fokken en kweeken van dieren, die hunne ledige kas met goud en zilver zullen weten te vullen. Zij zullen verstaan dat het schadelijk is het neêrhof aan zijn zelven over te laten, en dat hun eigen belang eischt, pogingen aan te wenden om in al hunne zuiverheid, hunne vruchtbaarheid en hunne winstgeving onze oude inheemsche oriën weder op te maken.

De ware liefhebbers zijn, over 't algemeen, verstandige, geleerde en aan hunne liefhebberij verknochte lieden. Op hen zullen de hoenderkweekers mogen rekenen, en niet zonder reden, om zich de prachtigste vogels van hunne verzamelingen aan te werven, deze die de prijzen behaalden in de groote tentoonstellingen en meest winst moeten aanbrengen. Hun kent de Nationale Maatschappij den plicht toe, te streven naar volmaaktheid, en hunne hoenders ieder jaar uit te kippen en uit te kiezen met rijp overleg en wijze beredeneering.

Eindelijk moest het leger der liefhebbers van dag tot dag talrijker worden. Niets is zoo aangenaam, zoo gezond en zoo nuttig als de vogelteelt. Indien ze wel verstaan wordt zal geen plekje grond van onzen vaderlandschen bodem, hoe onvruchtbaar ook, niet kunnen benuttigd worden en den billijken loon geven voor het gedane werk.

Wij hebben den oproep der Nationale Maatschappij ook gehoord en wij willen hier het onze bijbrengen om haar vaderlandslievend werk te bevorderen. De geleerde vogelkundigen zullen ons schrijven niet te scherp beoordeelen, in aanmerking nemende dat het voor het volk geschreven is, meest voor dezen, die van het hoenderkweeken eene broodwinning maken. Ons boek is op voorhand onderzocht geweest en wordt niet gedrukt tenzij na een gunstig verkregen oordeel. Inderdaad de voorzitter van eene der beste maatschappijen van vogelteelt schreef ons, na onderzoek : « *Het werk van den Eerw. Heer van Speybrouck is volgens mij zeer geschikt om diensten te bewijzen aan den landbouwer; maar het zou veel meer in waarde winnen, indien hij de standaarden volgde, aangenomen door al de Belgische maatschappijen van vogelteelt en welke vastgesteld zijn door bevoegde kenners, vereenigd in verschillige bijzondere vergaderingen, en waar al de maatschappijen van vogelteelt vertegenwoordigd waren.* »

Dezen wijzen raad hebben wij gevolgd en ook gezorgd die leemte aan te vullen.

Het is genoeg geweten dat de hoenders eene geheele orde van vogelen uitmaken, die voor kenteekens dragen : een korten bek, waarvan het bovenste deel, dat gekromd is, het onderste bedekt; een wasvlies doorboord met neusgaten, die zelven met eene kraakbeenige schub overtrokken zijn; niet al te lange beenen, maar het eindlid er van kloek en steunende op drie sterke klauwen. Het zijn graanetende vogelen, zij leggen gemakkelijk hunnen wilden aard af en hebben eene zware vlucht.

Het getal vogelen van deze orde is groot. Over alle zullen wij niet schrijven, maar alleenlijk aangaande deze, die wij op het Vlaamsche neêrhof vinden : de eigenlijk gezegde hoenders : hanen, hennen en kiekens, duiven, pintaden, pauwen, kalkoenen, eenden en ganzen. Wij beschrijven ze, geven eenige raadgevingen voor hun kweeken en ook om hen te helpen in kwalen en ziekten.

Ziedaar ons werk, hetwelk wij met vertrouwen den Lezer aanbieden.

EERSTE BOEK

VLAAMSCHE HANEN EN HENNEN

EERSTE HOOFDSTUK

De Vijanden der Hoenders

HET was ten tijde dat de beesten spraken. Koning Leo zat ter vierschaar en zou recht doen. Alle dieren van verre en na dienden hunne klachten in; één alleen kwam voor den hoogen rechterstoel niet, namelijk Reinaart de Vos. Hij wist wel dat iedereen in rechten tegen hem zoude optreden. Ook ware hij het minst niet verwonderd geweest de klachten te hooren, die Isegrim de Wulf, Courtois de Hond, en Panser de Bever tegen hem indienden. Toch slim genoeg was hij om Grimbaart de Das, zijn neef, naar het hof te zenden, en hem als zijn verdediger te doen optreden.

De Das was volop aan 't pleiten en verdedigde zijnen oom op de beste wijze, toen al met eenen keer eene groote opschudding ontstond. De gansche vergadering was diep getroffen door het zien van vier hennen, die eene berrie droegen, waarop eene verworgde kip lag, en vier hanen, die al snikkend en weenend de doode volgden.

De vermoorde hen was Kobbe, de hanen waren Kanteklaar, haar man, en Kantaart en Kraaiaart, hare twee broeders. De hennen, die de berrie droegen, waren de eigene zusters van Kobbe.

Koning Leo wilde aanstonds weten wat er gebeurd was. Kanteklaar gaf uitlegging in dezer voege :

« Sire, zeide hij, ik zoek uwe rechterlijke hulp tegen Reinaart. Over eene maand had ik nog acht zonen en zeven dochters, en nu eilaas!, na zoovele misdaden en moorden ben ik alleen op de wereld.

Gelijk gij weet, was mijn slot ongenaakbaar; mijne warande is omsloten door hooge muren en bewaakt door zeven felle honden. Ik had voor mijn geslacht niets te vreezen.

Reinaart heeft door slimme trekken onzen ondergang weten te bewerken. Op zekeren dag stak hij zijnen kop boven den muur en zeide dat ik niets meer te vreezen had, dat gij, Sire, eene vrede in 't land hadt uitgeroepen en dat alle oude veeten moesten ophouden. Tot teeken van waarheid toonde hij mij eenen brief, door uw eigen hand gezegeld. Daarenboven, voegde de schalkaard er bij, ik verlaat de wereld en ga in een klooster strenge boetveerdigheid doen.

Ik heb het ongeluk gehad dit alles te gelooven, mijn slot te verlaten, buiten mijne muren te gaan en in het open veld met mijne kinderen te gaan wandelen. Daar verwachtte de sluwaard mij en in een omzien lagen twee van mijne dochters dood.

Sedert dien dag heb ik het een ongeluk achter het ander te betreuren gehad en gisteren heeft Reinaart Kobbe, mijn wijf, gestolen en verworgd. Een hond, die het gezien had, is hem nageloopen en heeft hem dit lijk afgenomen, dat daar nu voor ons op de draagbare ligt. »

De dieren spreken nu niet meer, gelijk in den tijd waarin dichter's gebeurtenissen zijn voorgevallen. De vos behoort in onze streken niet meer t'huis en toch heeft buiten hem, het hoenderras, hier gelijk elders, vijanden gevonden.

Eerst en vooral zijn het ware vijanden, de kwakzalvers die kleine boekjes lieten drukken en fortuinen beloofden met het kweeken van hoenderen. Het is zeker dat er iets mede te winnen is, als het wel verstaan wordt : meer dan eene pachteres heeft dit ondervonden. Maar vele werden in hunne hoop teleurgesteld en hebben alles laten varen. Dat was te verwachten en dat konden onze hennen niet helpen.

Dan, een tweede misslag was het houden van vreemde rassen. Sedert eenige jaren prees men de Italiaansche als de beste leghen, en waarlijk, gedurende zekeren tijd konden al die er kochten, niets dan goed er van zeggen. Maar hoe lang heeft het geduurd?

Onlangs werden er overal strooibriefjes gezonden om de *Poltava* of Russische hen de voorkeur te geven. Dat kwakeldier, schreef men, kan tegen alles, is ongevoelig aan de felste koude; het wederstaat aan de ziekten, die andere hoenderen zoo licht aantasten en wordt zeer gemakkelijk onze luchtgestelheid gewend. Zij is te verkiezen boven de Italiaansche hen, die uit warmere streken komt, zeer teêr is en onderhevig aan vele ziekten. Als leghen heeft zij hare weêrga op deze wereld niet.

Eenige onzer vrienden hebben deze redens geloofd, die eenen schijn van waarheid hadden, maar zij ook hebben ondervonden dat de *Poltava* voor onze streek niet geschapen is.

De ondervinding leert dat de vreemde rassen niets hebben dat te hunnen voordeele pleit. Integendeel zij gaven aan het Vlaamsche land niets dan alle soorten van ziekten, die, tot op den dag dat die hoenders alhier binnengebracht werden, geheel en gansch onbekend waren. Dit is zoo waar, dat men heeft moeten wederkeeren tot het land van waar het hoenderras oorspronkelijk is, om nieuwe dieren in te voeren en met die vreemde eene mengeling te doen ontstaan; nu, men is er maar in gelukt vogelen te verkrijgen te geluw van vleesch en te taai, om, het is gelijk op welke tafel, opgedischt te worden. Bedrogen waren dus die liefhebbers, en na vele ongelukken hebben zij ook de hoendermelkerij vaarwel gezeid.

Eene laatste soort van vijanden van het hoenderras zijn de slordige landbouwers, die onze Vlaamsche hoenders zoo hebben verwaarloosd dat onze landbouwhuishoudkunde er bijna geen voordeel meer uit trekt. De kapoenen van vele hofsteden worden bijna voor niets op de markt verkocht, en de magere kiekens die er te koop gesteld zijn, worden met moeite bezien. En nochtans hebben wij in ons land prachtige hoenders, waarvan hier en daar nog eenige stalen te vinden zijn. Ongelukkiglijk al degenen, die schreven over vogelkunde, schenen niet te weten dat er een Vlaamsch land bestaat, en in de vogelwereld dat er Vlaamsche hoenderrassen zijn, die voor het leggen van eieren, voor de fijnheid van het vleesch en voor de pracht van de pluimen alle andere verre overtreffen.

Indien men de gemeene hen, schrijft Buffon (1707-1788), van alle wilde soorten afzondert, zooals de hazelhoen, de boschhaan, de fazant enz..., indien men ze van alle vreemde hoenders afscheidt, waarmede zij zich vermengt en dieren voortbrengt, die beter tot voortteling geschikt zijn, zal men het getal der verschillende soorten zeer zien verminderen en de hoedanigheden, hun gansch eigen, zullen geheel klein in getal zijn. De eene, gelijk de hennen van 't land van Caux (1), hebben het lichaam wat meerder, zij zijn bijkans nog zoo groot als de gewone; de andere hebben wat langer pluimen, zooals de kobbehaan, die er op zijnen kop heeft; andere nog tellen een klauw meer, zoo de hennen die er vijf hebben; andere eindelijk onderscheiden zich door het prachtig kleurenspel van hun gevederte, gelijk die van Turkije en van Hamburg. Nu, van deze zes verscheidenheden, die al onze hoenderrassen bevatten, hebben drie dat verschil te danken aan de luchtstreek, zooals die van Turkije, Engeland en Hamburg, en misschien ook nog wel de vierde en de vijfde, want de Cauwsche hen is uit Italië oorspronkelijk, hetgeen haar naam van Padoesche hen (2) klaar te kennen geeft; alsook de hen met vijf klauwen, die reeds in Italië in Columelle's tijd (3) gekend was. Onze Fransche hennen met de kobbehoenders blijven dus maar alleen meer over, en in die twee rassen zijn hanen en hennen van alle kleur. » — En onze Vlaamsche hoenders?

Brehme, een later natuurkundige, erkent in onze Kempische hoenders eene verscheidenheid van Hamburgsche. « Die soort, zegt hij, wordt door eenige liefhebbers aanzien als een eigen ras, maar zij heeft

---

(1) Het land van Caux, in Frankrijk, maakt heden deel van het Departement der Neder-Seine, waarin het oude Normandië ten deele besloten ligt.

(2) Omdat een huisdierenras den naam draagt van de eene of de andere streek, daarom moet men niet denken dat het van daar oorspronkelijk is, of dat men in dat land of in die stad de beste dieren er van vindt... Over weinige dagen vertelde mij een van onze beste Belgische kiekenmelkers, dat bijna al zijne hoenders naar Padova vertrokken. — Bl. 300 « Chasse et Pêche » 1892, bl. 246.

(3) *Columelle*, Latijnsche landbouwkundige, leefde in de eerste eeuw van onze christene tijdrekening en schreef eene verhandeling over den landbouw.

al de kenmerken en geheel het uiterlijk der Hamburgers, waarvan zij maar verschilt door de kleine gestalte en de teekening der pluimen.

Er is maar één Vlaamsch ras voor genoemden geleerde en het is het Brugsch ras der Noordsche vechters. Door lichaamshouding en uitzicht gelijkt het aan de Engelsche vechters, maar door sterkte, grootte en lichaamsgewicht aan de Maleische hoenders.

Om geheel en gansch onze hoenderrassen in hun recht te stellen, hebben wij gedacht, aangezien het niemand tot nu toe gedaan had, er opzettelijk over te schrijven.

Sedert het opkomen der vogeltentoonstellingen in ons land heeft men altijd er aan gehouden prachtdieren en geen voortbrengende uit te stallen. Prijs en eer, alles was voor de vreemde hoenders; van onze Vlaamsche werd er geen of weinig gewag gemaakt.

De heer Van der Snikt, de geleerde schrijver van het verdienstelijk blad: *Chasse et Pêche*, heeft zich sedert jaren aan het werk gesteld om onze inlandsche voortbrengselen te doen uitkomen, en na vele pogingen is hij er in gelukt om het Staatsbestuur naar zijnen kant te trekken, hetwelk geen andere toelagen meer geeft als op voorwaarde van de beste Belgische rassen te beloonen. En dit is maar recht, want gelijk wij het reeds hebben gezeid, de Belgische hoenders moeten voor geene vreemde onderdoen.

Een ander geleerd tijdschrift, ook voordeelig in de vogelwereld bekend, l'*Echo de l'Elevage belge*, schrijft van zijnen kant in zijn N^r 1 van het V^{de} jaar : Eens dat men de verdiensten van onze Belgische rassen zal weten naar weerde te schatten, zullen onze hoenders overal, dank aan het werk van moedige mannen, snel verspreid worden, voor zooveel nochtans dat de volstrekte weerde er van niet overschat worde. Want, waarom het verzwijgen, het eene ras kan goed zijn, en nochtans het andere volmaakt, en dat in 't bijzonder voor hetgeen de voortbrengselen aangaat, te weten de eieren en het vleesch.

Het zijn deze wakkere tijdschriften, ware veldverkenners, die eerst den inval deden opmerken van de *Leghorn*, die toch nooit als fijn gebraad zal kunnen opgedischt worden; van de *Gestreepte Hamburgsche*, die nooit eene goede leghen zal zijn; van de *Houdans*, die nooit de koude van onze Noordstreken en in 't bijzonder plotselinge verandering van weder zullen kunnen verdragen, en zoovele andere. Het zijn de opstellers ervan die de korte zegepraal van die vreemdelingen voorspelden en droevig onze Vlaamsche hoenders zagen achteruit drijven. Maar het zijn zij ook, die nu liefhebbers en landbouwers oproepen ten voordeele van onze inlandsche oriën. Hun woord wordt aanhoord, en daarom zal op het neêrhof wederom voorspoed en geldwinst heerschen.

TWEEDE HOOFDSTUK.

Onze Vlaamsche Hoenderrassen.

DE hoenders zijn uit Azia herkomstige dieren, en wel uit Indië en Hindostan. Zeggen hoe en wanneer de mensch zich van die wilde hanen en hennen heeft meester gemaakt, hoe hij ze gedwongen heeft om met hem te leven en niet meer te bestaan als voor zijn eigen nut, dat is onmogelijk en niemand zal een vertelsel of geschiedkundig stuk kunnen vinden om het te verklaren.

Maar houden staan dat al onze hoenders uitheemsche vogelen zijn, omdat zij uit verre landen alhier zijn overgekomen, dat is te ver gezocht, en men zou even wel kunnen beweren dat de Vlamingen, ook over eeuwen en eeuwen in deze streken uitgeweken, als uitheemsch moeten beschouwd worden. Nu, de hoenders waren reeds op Vlaamschen grond bij het aankomen van onze voorvaderen.

Indien wij eenen Duitschen schrijver mogen gelooven, offerden de Kelten hanen aan hunne goden. De Germanen, te midden van de kudden, die hen in al hunne verhuizingen volgden, hebben altijd gezorgd hanen en hennen te bezitten. In de oude Salische wet vinden wij een hoofdstuk, boeten uitsprekende tegen de kiekendieven (1). Bovendien wordt er in eene menigte stukken onzer geschiedenis gewag van gemaakt.

Heeft Karel de Groote op geene bijzondere wijze den hoenderenkweek aangemoedigd? Het was de wijze keizer immers die in zijne staatswetten de verordening stelde dat men op al zijne groote eigendommen vijftig hennen en dertig ganzen moest houden en op de kleine hofsteden ook vijftig hennen, maar enkel twaalf ganzen. Voorts op de banmolens, omdat er geen afval zoude verloren gaan, wilde de vorst dat men een groot getal hoenders zoude houden.

Met het opkomen van onze groote abdijen zien wij het neerhof wel voorzien van die nuttige dieren, en de oude monniken, die zooveel bijgedragen hebben tot bevordering van den landbouw, bleven hier ook niet ten achter. De tiendeschooven, die men hun zoo gereedwillig bracht, waren het groote middel om het neerhof van voedsel te voorzien.

Ook onze voorvaderen waardeerden die smakelijke vogelen en, misschien meer dan op de onze, kwamen zij op hunne tafel. Wij lezen in de Rekeningen van Brugge, van 1302 : « Ute yghevcn omme den cost ende die bedurste van minen here Willemme van Ghuleke ende van sinen lieden. Item Woutren, scapinvleesch, van gansen, capoenen ende kiekinen ende andere diversen dinghen, c xi ll iiij s. iiij d. » (2) Zoo weigerden zij zich zelfs gedurende den oorlog dat smakelijk gerecht niet.

Aldus zouden wij van eeuw tot eeuw de hoenders kunnen volgen en zien hoe ze altijd te mid-

---

(1) *Pactus leg. Sal. ant.* Tit. VIII. art. 5.
(2) 1302. *Le compte communal de la ville de Bruges.* Mai 1302 à Février 1303 (N. S.) avec une introduction et une table des noms par JULES COLENS, suivi d'un glossaire par A. VAN SPEYBROUCK.

den van ons volk hunne plaats hebben gehad. Maar wij moeten zoo ver niet gaan, en alleen naar de taal en het woord van de onzen luisteren om ons van die waarheid te overtuigen.

Vreemde dieren zijn ter nauwernood genaamd; van groote menschen zullen wij weleens hooren zeggen dat zij een kemel zijn; van deze, die grove fouten bedrijven, dat zij kemels schieten, maar daarmede is het al. Van den papegaai heeft men het klappen opgemerkt, en iemand die zonder nadenken spreekt, zal moeten hooren dat hij een papegaai is; veel meer nochtans zult gij van die dieren niet hooren.

Maar met de hoenders is het anders gelegen en van 's morgens tot 's avonds, ten tijde en ten ontijde, hebben wij altijd den naam van die nuttige vogels op onze tong (1). Het volk heeft waargenomen dat de hennen zich niet ver van hun kot verwijderen; nu, van iemand, die altijd thuis blijft, zegt men dat hij nog niet verder gegaan is dan zijn moeders hennen. Is het niet algemeen gekend dat de groote klappers de minste doeners zijn? Ook hooren wij van de lieden : de hennen, die meest kakelen, leggen de meeste eieren niet. Hebt gij nog gezien hoe aardig het kwakkeldier den langen aardworm staat te bezien, dien wij eenen *pier* noemen? Het zou hem willen inslokken, maar ziet er geene kans aan. Iemand, die niet weet hoe iets aangegaan, staat daar te kijken gelijk een hen op 'nen pier.

De eerste letters, door een kind geschreven, zijn « hennepootjes » en « haneklauwtjes. »

Wanneer men iets zwijgt en aan niemand vertelt, zal noch haan noch hen er over kraaien.

---

(1) AM. JOOS. *Schatten uit de volkstaal.* Gent, A. Siffer.

De haan is het zinnebeeld der waakzaamheid, maar ook der fierheid, der toornigheid en der gramschap.

Waarom rood worden gelijk een haan, als men u verwijt, het haantje van 't kot te zijn? Gij zijt toch maar de baas van 't hennekot als de haan niet thuis is.

Hebt gij nooit ondervonden dat de magere hanen hardst kraaien? doch opgelet, want somwijlen wordt dan de roode haan op het dak gezet.

Velen hangen den geleerde uit en spelen den gebraden haan. Wees voorzichtig om nooit den vos in 't kiekenkot te sluiten, want de gelegenheid maakt den dief.

Kent gij iets zoo dom, zoo dwaas en zoo onnoozel als een kieken?

Met de kiekens slapen gaan en ook met de kiekens opstaan, dat is voorwaar het gezondste.

Als het gebeurt in het leven dat men moet scharten gelijk de kiekens, is het ook noodig gelijk de kiekens achteruit te schrabben en te sparen. Velen nochtans in die omstandigheden verliezen het hoofd en loopen gelijk een kieken zonder kop.

Kinderen en kiekens hebben altijd honger, want jonge magen teren wel. Breng uwe kinderen niet op gelijk een kieken op een berrelken. Gauw vet is gauw in de kuip en jong nog ligt men 's kosters kiekens te wachten.

Treffelijke menschen betalen goed en leggen gelijk de kiekens.

De wereld is toch een aardig ding, 't gelijkt aan een kiekenkot, de bovenste bevuilen de onderste; ook vele dingen die gebeuren zal niemand uitleggen, en niemand zal ze gelooven : de ganzen gelooven wel niet dat de kiekens hooi eten op een havertas.

Wanneer het feest is, de zaal is vol gelijk een ei; maar ook de inrichters er van geven zich groote moeite, zij weten wel dat men geen eieren kan eten zonder doppen of schalen; wil men 't ei smaken, men moet zich de moeite geven de schaal open te breken.

Hoeveel zijn er die zoo onvast in hunne zaken zijn als een ei op 'nen balk? Ook zijn er velen die met een ei opzitten.

Eenige menschen, wanneer zij aan 't schotelke zitten, laten de anderen praten en zorgen voor hunne vrienden; ze laten ze kakelen en garen de eieren. Maar het is best, voorzichtig te werk te gaan en te doen gelijk eieren tellen.

Een van de schoonste werken der ouders is hunne kinderen wel op te brengen, want het is de toekomst, die zij bereiden:

  Zulk ei, zulk jonk,
  Zulke scheut, zulke tronk.

Ziedaar de schilderende en dichterende volkstaal waarin de hoenders zulk een diep spoor hebben gelaten. Maar diep ook is het spoor dat wij in ons volksgeloof vinden.

Het uur van middernacht is de tijd dat de spoken verschijnen; wanneer de dag aanbreekt, met het eerste hanengekraai moeten al de geesten naar hun verblijf wederkeeren. Kraait de haan meer dan hij gewoon is, het is een teeken dat men dien dag het bezoek van eenen vreemdeling zal ontvangen. De haan voorzegt ook de verandering van weder. Alzoo hebben wij te Coygem, op de grenzen der Waalsche streek, het volgende rijmtje gehoord:

  Mon père, ma mère
  Wat zegt gij van 't wère?
  De haan die kraait,
  Het weêr is verdraaid.

Eene hen, die kraait, zal men op geene hofstede willen : dat is teeken van ongeluk.

Wij herinneren ons dat men te Brugge, wanneer het brandde over een veertigtal jaren in de Steenstraat, gewijde eieren in 't vuur smeet en dat de brand niet voortging. Zoo vertelden de lieden.

Meisjes, die geern zouden trouwen, kijken te Paschen door het sleutelgat, en zien zij eenen haan bij eene hen, het is een teeken dat het hun gedurende den zomer zal gelukken.

Wat denkt gij nu van de hen? en wanneer wij vinden dat ze zoo wortelvast zit in taal en zeden, zouden wij met recht niet mogen zeggen dat er hoenders bestaan, die de onze zijn, die onzen grond toebehooren ?

En dit is zoo; maar gelijk de streken van 't Vlaamsche land veel verschillen, zoo ook is er groot verschil in de onderscheidene Vlaamsche hoenderrassen. Wij vinden er die tegen de scherpe, felle en gevoelige koude van ons Noorden kunnen, die noch wind, noch regen, noch sneeuw vreezen, die niet beschroomd zijn om hun voedsel op de kale heide te zoeken, in 't zand van de schrale duinen, in 't slijk van de polders; wij bezitten er die 't geluk hebben de weelderige akkers van 't schoonste van Vlaanderen te bewonen.

De Kempische Hoenders.

In de wijduitgestrekte heidestreek, dweers door de Antwerpsche en Limburgsche gouwen, ja dweers door Hollandsch Brabant, rond de lieve hoeven der Kempen en onder de schaduw der onmetelijke mastbosschen, vindt men eene hoenderensoort waaraan de grenslooze vlakten onmisbaar schijnen, die het wijd open veld voor hen moeten zien, en kwijnen en sterven wanneer hun de grootste vrijloop niet gegeven wordt.

Groot zijn de Kempische hoenders niet, maar toch een schat voor den landbouwer. Hun kop, wat plat van boven, draagt geen kobbe; de kam is wat langachtig, al voren afgerond en al achter min of meer spitsuitloopend, maar geheel en gansch gebekt. In dien prachtigen kop blinken twee overgroote oogen,

Kempische haan.

die om reden van de er nevens hangende kleine oorlappen, nog grooter schijnen. Voeg er de lellen bij, die, zou men zweren, bussebladeren gelijken, en gij zult een gedacht hebben van dit schoon echt Vlaamsch hoender.

De haan heeft de schouderkap, den rug, de billen en de borst zoo wit als sneeuw; wit is ook het bovenste der vleugelen, maar er prijken twee zwarte striepen op; wit nog de slagveeren die met zwart zijn afgezet, en de vallende vederen van de stuit zijn zwart met witte bies; eindelijk, de overhangende pluimen van den steert zijn zwart met wonderbaren groenen weerglans.

De hen is niet min schoon. Hoe fraai is hare witte vlekkelooze schouderkap niet? Haar blanke voorhals blinkt gelijk die van de zwaan, terwijl de schouderen, de bovenste vleugelvederen, de borst, de billen en

Kempische hen.

de bovenste steertpluimen zoo kunstig met zwarte vlekken geteekend zijn, en de slagvederen op zoo aardige wijze en zoo ongelijk met ontelbare zwarte kleurplekken zijn doorzaaid. De bek en de pooten zijn blauw.

Men vindt nochtans Kempische hoenders wier grondverf niet wit, maar gemsgeluw is; van daar de onderscheiding tusschen verzilverde en vergulde.

Is de haan het zinnebeeld der dapperheid, voorwaar de Kempische hen is dit der vruchtbaarheid. Te allen tijde werd zij gezocht als zijnde de beste leghen van de wereld; ook noemt men haar overal: *De hen, die dagelijks legt*. En dat is niet weinig zeggen.

Uitsluitelijk voor het leggen van eieren gekweekt, mag men rekenen dat zij er van twee tot drie honderd ieder jaar geeft, wel te verstaan wanneer men ze wel voedt, onderhoudt en haar den noodigen loop geeft. Die eieren, niet al te groot, zijn niet ongeschikt voor het gebruik.

Het Brakelsch Hoen.

Indien het betrekkelijk klein Kempisch hoen de schat is der onvruchtbare heidevelden, in de groene weiden van Oost-Vlaanderen en Henegouw, in de weelderige dalen van Schelde en Dender ontmoeten wij het grooter Brakelsch hoen, dat zijnen naam aan de twee dorpen van Op- en Neder-Brakel heeft ontleend.

Rond de met stroo gedekte en uit leem gebouwde landelijke woningen, op het vierkant hof omzoomd met stallen, schuur en woning, op mest en stroo, tusschen wagens en landbouwgereedschap, schart en pikt de Brakel.

Mannen, die zich op de vogelkunde toeleggen, houden staan, dat dit hoen maar een verbeterd Kempisch kieken is; anderen evenwel beweren dat het een eigen ras is, met eigene kenteekens en eigene hoedanigheden. In alle geval, indien de Kempische hen zoo goed legt als de Brakelsche, deze laatste overtreft toch de eerste als klok, en haar vleesch, lekker en fijn, is door alle kenners gezocht.

Volgens het schrijven van een gezaghebbend tijdschrift in de vogelwereld « *Chasse et Pêche* », zou de Brakel eene vermenging zijn van Spaansche en Negerhoenders. Het Spaansche hoen is vooral gekend voor zijne schoonheid, zijne vruchtbaarheid en de goede hoedanigheid van zijn vleesch en van zijne eieren.

Brakelsche hen.

Het is sterk gebouwd, zuinig en houdt lang stand. De neger, gelijk de Cochinchinees, legt en broedt geheel den winter.

Alhoewel die bewering geheel en gansch in 't voordeel is van den Brakel, moeten wij ze wel in twijfel trekken, aangezien men verzekert dat het Negersch hoendenras slechts sedert korte jaren alhier werd overgebracht, terwijl wij verder in hetzelfde tijdschrift lezen dat de Brakel sedert eeuwen te huis is in geheel de streek van Oudenaarde, Gent, Geeraardsbergen en Ronse.

De Brakelsche haan kent men aan zijne trotsche houding, zijne hooge schouderen, zijne leege lendenen en zijnen platten rug. Rond zijne hennen wandelt

Brakelsche haan.

hij deftig, schijnt altijd bekommerd in zijn krachtig en ongeduldig trappelen, en altijd betere en betere plaatsen voor hen zoekende, wil hij altijd vooruit en gaat hij aan hun hoofd met haastige stappen. Zijn dikke kam staat pijlrecht op zijnen fieren kop, en verschilt hierin met dien van de Kempische haan, dat de kam van deze laatste dun en glad is, en niet gelijk die van de eerste betrekkelijk dik gekorreld. De Kempische haan heeft eer eenen kam gelijkend aan dien van den Hamburgschen met enkelen kam.

De Brakelsche hen heeft, gelijk al de hennen die in Vlaanderen voorgetrokken worden, zwarte oogen. Schooner kunnen zij niet uitkomen op hare grauwe pluimen en dat kleurenspel springt iedereen in de oogen. Zij heeft blauwachtige oorlappen, blauwe pooten en bek, en de overfraaie zwarte bloemen, die op iedere veder zoo kunstig door de natuur geschilderd zijn, maken van haar een der edelste vogels van het neêrhof.

Zwarte oogen zijn volgens eene Vlaamsche volksoverlevering het teeken, waaraan men de goede leghennen kan kennen; doch de Brakelsche hen geniet niet alleenlijk de faam van eene onzer beste legsters te zijn, maar ook van ons vroege en kloeke kiekens te verschaffen, die wonderbaar groeien en eerder dan al andere groot zijn.

De Brakel is ook een uitnemend graankieken; zelfs zonder groote zorgen besteed aan het vetten zijner kiekens, is hij op vier of vijf maanden een kostelijk dier om op de tafel opgedischt te worden. Ook, op de markten van Oudenaarde, van Geeraardsbergen en zelfs van Gent weet men er van te spreken.

Langs den kant van Peruwelz dient de Brakelsche hen bijzonderlijk om eendeieren uit te broeden. Daar schijnt zij reeds op vreemden grond en die kalkstreek dient haar niet. Het is wel waar dat zij er grooter van gestalte wordt, maar zij is veel zwakker van lichaamsbouw en veel moeilijker om gevet te worden. In onze Vlaamsche Kempen, integendeel, valt zij wat kleiner; zij is te zeer vermengd met de hoenderen van de streek, en wordt als in 't wilde gekweekt zonder de minste zorgen. De Brakel vraagt een wakend oog, wil oplettend verpleegd worden en loont mildelijk al wat men voor hem doet.

De Mechelsche Koekoek.

Vindt men de Kempische hen in de heidestreek, de Brakel langs Schelde en Dender, het is in de omstreken van Brussel en nog veel meer in de gemeenten rond Mechelen dat het hoen, in de vogelwereld gekend onder den naam van « Mechelsche Koekoek », gekweekt wordt.

De kleur van den trekvogel, die in 't voorjaar door zijn blij geroep de prachtige lente aankondigt, is van iedereen gekend; zij is aschgrauw, wit op den buik en doorstreept met zwarte lijnen. De steert is langs alle kanten wit bespikkeld.

De Mechelsche hanen en hennen trekken wonderwel op dien vogel; de eerste zijn misschien wat klaarder, en de laatste wat donkerder van verf, maar alle zijn leikleurig grauw, met witte en zwarte striepen van de regelmatigste kleurparing, zonder vermenging van geheel witte of rosachtige pluimen. De koekoekkleur is hoogst vereischt door de liefhebbers, die alle hoenderen verwerpen welker pluimen zouden willen wit worden of op het geel trekken.

Aardig is het om dien grooten, dikken, ineengedrongen haan het neerhof te zien bewandelen. Gerust en vertrouwelijk, zonder achterdenken of zonder menschenschuw te zijn, gaat hij weg en weêr, draagt recht zijnen kop versierd met eenen sterken wel uitgebekten kam, bestaande uit zeven of acht bekskens. Hebt gij het belet, wanneer hij u voorbijgaat, hoe hij pinkoogt met zijne schoone zwarte oogen, als wilde hij een oude kennis groeten? Zijn bek van middelmatige lengte is hoornkleurig en heeft eenen min of meer gekromden punt; zijne neusgaten zijn wijd en welgespleten; zijn dikke

Mechelsche koekoek-haan.

hals is tamelijk lang; zijn rug is breed en zijne vleugels zijn wel tegen het lijf gedrukt, zonder dat het misstaat, en zonder er tegen geplakt te schijnen. Een vechthaan zal men er nooit van maken: hij ziet er te plomp uit en te stijf.

De hen kan den haan niet loochenen, zoodanig gelijkt zij er aan. Haar kam is recht, maar enkel en kleiner; zij is geen buitengewone eilegster, maar eene eerste klokhen. Zij broeit om zoo te zeggen geheel het jaar, 's winters zoo wel als 's zomers. Ook in het strenge jaargetijde wordt er op bijzondere wijze voor haar gezorgd en bij kleine landbouwers en arbeiders zal het wel gebeuren dat gij ze in 't voorjaar met hare kiekens onder de stoof

Mechelsche koekoek-hen.

zult vinden, ja, dat gij ze van onder de bedkoets zult zien uitkruipen. In de groote hofsteden heeft zij hare voorbereide plaats in de schuren of in de stallen.

Dit hoen is de « Oude Mechelsche Koekoek » niet van onze voorvaderen, maar een verbeterd ras, eene kruiseling van de Brahma, die zelf eene vermenging is van Aseel en Cochinchinees. De oude Mechelsche Koekoek was veel kleiner, en hoe dit groot sterk hoen rond Mechelen gekomen is, weet niemand te zeggen. De landbouwers van Brabant, zonder de minste kennis van vogelkunde, zonder doelmatig te werk te gaan, zonder eenige voorschriften van deskundigen te ontvangen, zijn enkel hun eigen belang te rade gegaan, en stillekens, met veel geduld en na verloop van vele jaren, hebben zij hun hoenderenras verbeterd.

De plaatsvervanger van de oude Mechelsche Koekoek komt op onze markten onder den naam van « Brusselsch Kieken », naam, dien hij krijgt zoohaast hij gedood, gepluimd en opgedaan is. In het begin van deze eeuw werd hij verkocht onder den naam van « Lombardsch Kieken ». In 't voorbijgaan zij gezegd, dat de inwoners der hoofdstad, om reden van de groote hoeveelheid dezer kiekens, die aldaar verbruikt worden, den bijnaam kregen van « Brusselsche kiekenfretters ». Gemelde soort wordt niet alleen naar Brussel verzonden, maar ook naar alle streken van Europa, en zelfs naar Amerika.

Als tafelkieken spant het de kroon, is lekkerder dan de Dorking, malscher dan de kapoen van den Mans, witter en fijner van vleesch dan eenig ander.

Het zal de eer blijven van de kleine landbouwers der omstreken van Brussel en die der behendige poeldeniers of kiekenkooplieden dezer streken, deze goudmijn voor ons Vlaamsch land te hebben doen ontstaan!

Na de groote hoenders, de kleine, en na de vreedzame, de kamphoenders. Ook blijven er ons geene andere meer te beschrijven dan de « Antwerpsche Baarddwergen » en de « Brugsche vechters ».

De Antwerpsche Baarddwergen.

Is het niet uit oorzaak van tegenstelling dat de oude Scheldestad dat dwergenras in leven heeft geroepen? Overal zou men de zaak ongemerkt voorbijgaan, maar de stad, die den reus Brabo voor stichter dichterlijk erkent, heeft willen aan den voet van den grooten man die kleine hoenders kweeken.

Lang was het dwergenras van Antwerpen eene zeldzaamheid, ja er is een tijd geweest, dat het op het punt was geheel en gansch te verdwijnen. Oud is het nochtans, zeer oud en zeer verdienstig. Ook zou het zonde zijn van het te laten verloren gaan en geen zorg te nemen om het voort te kweeken.

Die kleine hoenders, al hadden zij maar hunne

Antwerpsche dwergen.

bevalligheid, verdienen insgelijks hunne plaats onder de zon, maar bovendien hebben zij nog hun nut.

De hen is goede legster, maar slechte broeister; ook hoe zou men dat willen van zoo een klein dier? Donker koekoekkleur zijn al hare pluimen, die ieder vier donkergrijze dwarsstriepen dragen en licht grijzen grond. Zij hebben groote oogen en schoone witte pooten.

Die prachtige en lieve diertjes, ook somwijlen *het klein gebaard hoen van Antwerpen* genoemd, zijn bijzonder geschikt om in eene vlucht te leven. Zij zullen er niet alleen het schoonste sieraad van wezen, maar van nut zijn, daar ze, geheel vroeg in 't jaar, eieren geven, en dit in groot getal.

De Brugsche Vechters.

Maar de vechthoenders? Waar ze zoeken?

Langs de Vlaamsche zeekust, voorbij Brugge, Lichtervelde en Ieper woonden de strijdzuchtigsten der Vlamingen. In de kasselrije van Ieper, in Veurne-Ambacht, in 't Brugsche Vrije, in 't bloote van Diksmuide, onder de schaduw van de bosschen, in de uitgestrekte weiden, in 't zand van de duinen, hadden de Kerels hunne hutten opgeslagen.

Daar klonk het wachtwoord: « Vliegt de Blauwvoet? », met het antwoord: « Storm op zee! » Daar wierd de Noordhoorn geblazen om de mannen bijeen te roepen. Daar was het, jaar uit jaar in, veete, en gedurig werd in kamp en gevecht het broederbloed vergoten.

De ridders der kasteelen en steden durfden het schier niet wagen om die streken door te trekken. Daar zong men immers het stoute kerelslied:

Doedele, bommele, rondomdom,
Houd u recht en sie niet om!

Gi rudders, dwingers, maect u van cant,
Hier sijn de Kerels van Vlanderlant!
Gi Isengrims, hoedt u voor den Blauvoet
Of gi sult voelen wat sine clau doet.
Onse vaderen waren vri
En vri so bliven wi!

Doedele, bommele, rondomdom,
Houd u recht en siet niet om!

In diezelfde streken heerschte drie eeuwen later dezelfde vrijheidsgeest nog; de Blauwvoet was vertrokken, maar de fiere Vlaamsche leeuw toonde er scherpe klauwen en felle tanden.

De kerelen-minne had plaats gemaakt voor de Vlaamsche Gemeente, en 't volk was even vrijzuchtig en even woelig. De ambachten in Ieper zoowel als in Brugge vlogen zonder aarzelen onder de wapens, zoodra de standaards, ten teeken van nood, op de markt geplant waren.

Is er langs dien zeekant misschien iets bijzonders in de lucht? Want zoo de mensch, zoo de dieren. Wordt dat woelzuchtig karakter aldaar met de zilte uitwasemingen van de wilde zee en met het iodum der zeeplanten van de kust ingeademd?

Daar immers vindt gij onder andere dieren, die prachtige en groote hoenders, de wereld door gekend onder den naam van « Brugsche vechthoenders ». Sedert eeuwen bewonderen wij in het Brugsche en ook in het Iepersche die groote hanen, zoo hoog op hunne pooten verheven, en als ware strijders altijd met hunne felle sporen gewapend. Hun kop is groot, hun kam zwartachtig, de oorlappen niet klein, en de

— 37 —

oogen, die in hun hoofd branden, geven hun waarlijk een krijgshaftig uitzicht.

Hun gepluimte is allerfraaist. De pluimen van den

Brugsche vechters-haan.

hals zijn fijn en lang, geluworanje van verf, zooals die van den steert; de overige zijn mat zwart, maar op die der vleugelen zijn er eenige vuurvlekken.

Men vindt er ook wel met een bont gevederte,

blauwachtig grauw of leikleurig; deze hebben de vederen van den hals, van den steert en van den rug bleek geluw, maar toch ook eenige vuurvlekken op de vleugelen.

De kam van de hen is zoo klein, dat men zoude zeggen dat hij ineengekrompen is; hare lellen zijn

Brugsche vechters-hen.

grijsachtig zwart, en wanneer hare pluimen leikleurig zijn, zijn de groote steertveders golvende gelijk die van den haan, en van verschillende kleuren.

Om hunne strijdzucht worden de vechters soms achteruit gestoken. Maar wat doet dit ter zaak, wanneer een hoender gevraagd wordt dat wel gevleescht en weerdig is van op onze disschen te verschijnen? De kwakkel immers heeft dezelfde inborst, en toch laten zich de lekkerbekken hem wel smaken.

Een Brugsch vechthaan, in zijne volle jaren, weegt tot vijf kilogrammen. Als tafelhoender heeft hij zijne weergâ niet : zulk fijn en malsch vleesch is er elders niet te vinden. In volle vrijheid opgekweekt, is hij een lekkerbeetje, dat verre het gevet Brusselsch kieken overtreft.

Hier hebt gij het ware ras, dat boven alle andere dient verkozen om in de Vlaamsche steden gekweekt te worden. In de opene plaatsen, tusschen de huizen, in de stallen en pakhuizen, laat honden en katten maar komen, de hen zelve zal ze weten het hoofd te bieden, en haar nest en kiekens te beschermen.

Ziedaar dus onze Vlaamsche hoenderrassen, en God weet ! indien zij wel bezorgd werden, hoezeer zij zouden medehelpen tot den welstand van ons volk.

Hendrik IV, koning van Frankrijk (die aan eenen vreemden afgezant antwoordde dat, indien zijn land over jaren zoo ongelukkig was, de oorzaak daarvan lag in de afwezigheid van den « Vader des Huisgezins ») wenschte aan iedereen van zijne landbouwers dat zij alle zondagen zouden kunnen *eene hen in den pot steken.*

Dat was het droombeeld van den goeden koning; waarom zouden wij hetzelfde niet wenschen aan alle Vlaamsche landbouwers, en niet alleen aan hen, maar ook aan onze werklieden?

Huizen worden gebouwd voor de arbeiders. Deze koesteren de hoop, er eens eigenaar van te worden.

Mochten dan rond de lieve woonst eenige hoenders kraaien en kakelen, mochten eenige eieren 's noens opgedischt worden, mochte met het voorjaar eene hen met hare kiekens er rond loopen wandelen, zou dat den werkman niet evenveel genoegen als nut verschaffen?

Maar den zondag *eene hen in den pot steken*, dat zou nog meer kunnen beteekenen. Ja, dat beteekent weelde in den bedenkelijken staat, waar de landbouwer nu in verkeert, wanneer hij meer dan eens, met de wanhoop in het hert, op het punt is de spade in den grond te steken, alles te laten staan en zijn brood aan de werkhuizen van de stad te gaan vragen. Ja, het kweeken van hoenders en een meer uitgebreide handel er in, zou den landbouw grootendeels ter hulp komen.

Onlangs lazen wij nog in de « Vogelwereld », van Rotterdam, eene bijdrage, in dien zin opgesteld. Het Nederlandsch tijdschrift wilde de proef op de som zetten en toonen hoe een ieverig en ondernemend man, op iets meer dan twee gemeten land, geheel gemakkelijk in de behoeften van zijn huisgezin kan voorzien. Daarom zoude hij op een deel van dit land eenige hoenderen kweeken, bijzonderlijk met het inzicht de eieren er van te verkoopen; en het water der vijvers er van zou hij aan eenden overlaten. Een gerieflijk huis zou hij doen bouwen en op de overige akkers levensmiddelen opdoen als aardappelen, boonen, erwten enz.

Indien iemand het aanging, de waarheid van het veronderstelde zou welhaast blijken.

« Chasse et pêche » wilde dit schrijven verklaren en bracht het volgende ontwerp op het papier :

Beginnen met vijftig hoenders om de handen vrijer te hebben in het opdoen van allerhande vruchten.

Volgens den aard van den grond, een deel met aardappelen beplanten, en ook met boonen, een ander deel met schalongen, een knolloof dat altijd zeer gevraagd wordt en uitnemend geschikt is tot voedsel voor jonge kiekens. In alle beschikbare hoeken zonnebloemen zaaien : het zaad er van is immers lekkere kost voor de hoenders en de stelen zullen wel te pas komen voor brandstof. Daarenboven is de zonnebloem een uitmuntend behoedmiddel tegen de *Malaria* of moeraskoorts.

Het verken mag niet vergeten worden en men moet er aan houden eene of twee geiten op stal te hebben, eerder twee, om winter en zomer melk te hebben.

Het valt buiten twijfel dat op die wijze een werkzaam man beter aan zijn brood zou komen dan met eene daghuur, die hij bij den eenen of anderen landbouwer moet gaan verdienen.

Wij zijn zeker dat de onderneming eenen goeden uitslag zou opleveren en dat er langs dien kant iets te doen valt voor het welvaren van ons volk.

DERDE HOOFDSTUK.

Standaard aangenomen door de Belgische Maatschappijen van Vogelteelt.

De Mechelsche Koekoek (1).

IN zitting van 18 Maart 1895 heeft de Nationale Maatschappij, op *officiëele* wijze of van ambtswege, de echte kenteekens van den « Mechelschen Koekoek » vastgesteld.

Het Comiteit had wijd en zijd geschreven aan al wie eenige inlichtingen geven kon en voor de vergadering uitgenoodigd al « de belanghebbenden » om hun de gelegenheid te geven hunne opmerkingen voor den dag te brengen. De voorzitter, heer Nypels, leidde de woordenwisseling met kracht en wijsheid en de leden bespraken met overleg het vóór en tegen. De beschrijving der « Mechelsche Koekoeks », door den heer Monseu, voorzitter der Belgische Vogelteelers, opgemaakt, was sedert drie of vier weken aan liefhebbers en vogelkweekers uitgedeeld, zoodat iedereen tijd genoeg gehad had die te onderzoeken, en met kennis van zaken er over handelen kon.

Volgens het verslag van « Chasse et Pêche » van 24 Maart 1895.

Dit werk, met zoo veel zorg opgesteld, verwekte nochtans eene hevige woordenwisseling, onderging eenige lichte verbeteringen, en werd daarna aanveerd.

De inrichters hadden de leden verzocht eenige van hunne beste hanen en hennen mede te brengen; eene geheele reeks keviën waren met dit inzicht opgeslagen, en de vraag was zoo wel beantwoord, dat er geene enkele ledig bleef. Het was dus met de overtuigingstukken onder de oogen, dat de keurraad zijn oordeel ging vellen.

De hoenderfokkers der omstreken van Brussel, de hoendervetters van Merchtem, Opwijk en Assche; de poeldeniers der hoofdstad, die elken dag de gelegenheid hebben de waarnemingen der verbruikers te vernemen, allen hebben geheel juiste aanmerkingen gemaakt.

Gelijk men ziet, alle voorzorgen waren genomen om op nauwkeurige wijze de kenteekens van een inlandsch ras vast te stellen. Ernstig was dus het werk van die gezaghebbende maatschappij, welke maar uitspraak wil doen na bevoegde en deelhebbende lieden aanhoord te hebben.

DE HAAN.

Het *gepluimte* is geheel grijsblauw. Iedere pluim is van het uiteinde af geteekend met donkerblauwe schaduwen, die met witte of geheel bleekblauwe afwisselen. De schaduwen moeten wel afgeteekend zijn, de eene klaar, de andere donker. De toppen der vederen van den haan zijn in 't algemeen van klare kleur, die van de hen donkerder. Hanen kan men wel tegenkomen die twee of drie zwarte pluimen hebben, maar hennen bijkans nooit. Ook dat kan niet als eene onvolmaaktheid beschouwd worden.

De pluimen zijn breed, staan niet te dik en niet opeen en toch overvloedig. Men zal zich wel wachten het getal er van te willen vermeerderen en indachtig zijn dat pluimen om, te geworden veel, voedsel vragen.

De *kop* is sterk, nog al lang en diep. Vreedzaam is de uitdrukking van 't gelaat.

De *bek* moet bleekrood van verf zijn, kloek gemaakt en gekromd, soms met een zwart striepje.

Het *oog* is klaar oranje.

Het *gelaat* moet helder rood zijn, fijn van maaksel, en zonder ruwe rimpels.

Den *kam* draagt hij recht. Deze is enkel, van middelmatige grootte (4 of 5 centimeters), in loodrechte richting regelmatig gebekt met al achter eene kwab, die de omtrekken van den nek niet volgt, maar er van afwijkt.

De *lellen* moeten hangen, rood zijn, en van middelmatige lengte.

Zijne *oorlappen* hangen nog al lang, zijn rood, soms wit bevlekt.

De *hals* is kort in evenredigheid van 't zware lichaam, goed gekromd en versierd met eene schouderkap, die het begin der schouderen dekt.

De pluimen, netjes met zwart geteekend, hebben een zilveren weêrglans, die in 't najaar mag geluw worden.

De *schouderen* zijn breed.

De *vleugelen* draagt hij hoog. Zij zijn van middelmatige grootte en wel tegen het lijf gedrukt. Eene witte vlek in de slagpennen is geen kwaad.

Zijn *rug* en *lenden* zijn breed, nog al lang, plat, of een weinig naar achter gebogen.

De *steert* is kort, wel beschaduwd. De groote halfronde steertpluimen zijn kort en, te zamen beschouwd, gelijken zij aan een dik kussen. Hij draagt zijnen steert half plat.

Zijne *borst* is breed en zoo diep mogelijk; de borstspieren zijn wel ontwikkeld.

Het *sternum* of *borstbeen* is geheel recht en lang.

De *billen* zijn lang en goed gevleescht. Zij moeten bij het overige van het lijf wel uitkomen en mogen boven den hiel van geene rechte pluimen voorzien zijn.

Zijn *vleesch* is wit en fijn : lekkere kost.

De *poot* of het *eindlid* is sterk, wit, roodachtig. Hij is langs den uitkant, langs den buitensten klauw en soms langs den middelsten, maar dit zoo weinig mogelijk, met drie reken pluimen voorzien. Bij den volwassen haan is het vel soms roodachtig langs den buitenkant der pooten en tusschen de klauwen. Bij hem zijn de pootschubben wit, maar bij den jongen haan zijn zij grijsachtig, hetgeen ook het geval is bij de jonge hennen.

De *klauwen* zijn vier in getal. Zij zijn roodachtig-wit van verf, sterk en lang.

Hij *weegt*, wanneer hij volwassen is, van vier tot vijf kilogrammen, maar een van één jaar weegt maar van drie tot vier kilogrammen.

Zijn *voorkomen* is dit van een grooten, plompen en sterken vogel.

DE HEN.

De kenteekens der hen zijn bijna dezelfde als die van den haan, de volgende uitgezonderd :

Het *gebeente* is zoo sterk niet.

Hare *gestalte* is minder.

De *kop* is fijner.

De *bek* is wit of geteekend met donkergrijs.

De *kam* is klein, enkel en recht (ten hoogste twee centimeters).

Gepluimte. De pluimen van geheel het lijf zijn

regelmatig beschaduwd. Die donkere kleur moet zich duidelijk afteekenen op eenen grond, die zoo klaar mogelijk moet zijn. Twee of drie zwarte pluimen is geene erge zaak, maar men moet het groot getal vermijden.

De *pooten* zijn korter, zoodanig dat de billen door de pluimen van den onderbuik gedoken worden.

De *borst* is meer ingestooten dan die van den haan.

Het *vel* is fijn en wit.

Het *dons* der billen en van den onderbuik staat wel open en niet te dicht; den overvloed niet te eischen.

Gewicht. De volwassene hennen wegen van drie tot vier kilogrammen; die van het eerste jaar 2 k^{os} 270 tot 3 1/2.

Leggen van eieren. 90 tot 130 eieren 's jaars van geluwe of roodachtige kleur.

Gewicht der eieren. 55 tot 65 grammen.

Volgen de punten, die de keurraad geven mag.

Gestalte, zichtbaar gewicht en bijzonderlijk de grootte.
                                                        34 punten.
Gepluimte	20	»
Breedte en diepte van borst	10	»
Gedaante en houding van 't lichaam . .	8	»
Goede staat van den vogel	8	»
Kop (bek, oog, gelaat, kam, lellen en oorlappen)	5	»
Hals en schouderkap	3	»
Lengte, dikte en kleur van pooten en billen	8	»
Steert (dracht, lengte en gemaaksel) . .	4	»
	100	»

DE KEMPISCHE HOENDERS.

De volgende kenteekens der Kempische hoenders werden vastgesteld in 1888 en zullen vervolgens in alle Belgische prijskampen dienen : (1)

Er bestaan drie verschillende soorten van Kempische hoenders : het zilver, het goud en het wit hoen.

ZILVER KEMPISCHE HAAN.

De *bek* is leiblauw van kleur.

De *kam* is groot, recht, regelmatig gebekt, steekt al voren boven den neus uit en al achter boven den kop. Vooral is er vereischt dat hij fijn van weefsel weze en schoon rood. De bekken zullen niet te diep, maar toch wel uitgetand zijn.

Het *gelaat* rond de oogen is rood en voorzien van witte kleine pluimen.

Het *oog* schijnt zwart, zoo donker is het van kleur, bijkans de kleur van de zwarte wikke. Dit teeken is bijzonder gewichtig voor 't Kempisch ras.

De boord van het *ooglid* is soms ook zwart.

De *oorlappen* moeten wit zijn.

De *lellen* zijn lang, van middelmatige breedte, rood en van fijn geweefsel.

Kop en *schouderkap* zijn met witte vederen bedekt. De vogelen met de schoonste zilverwitte pluimen zijn meest gelust. De schouderkap is rijk en overvloedig met pluimen bezet; deze in 't deel dat onzichtbaar blijft, zijn grijs.

Het *midden van den rug* en ook *de lenden* zijn voorzien van vederen, die zwartachtig zijn aan het

---

(1) Volgens de « Echo de l'Elevage Belge » 24 November 1894.

uiteinde, maar met roetzwarte vlekjes in 't midden besprengeld.

De *schouderen* hebben van onder zwarte pluimen; het uitstekend deel is witgespikkeld.

De *groote slagpennen* zijn zwart, al binnen met een weinig wit gespikkeld, en al den buitenkant met wit afgezet.

De *groote vleugelvederen* zijn zwart met de buitenhelft min of meer regelmatig met wit gestriept. Van ver zijn het toch welgemaakte striepen. Te gader gezien, wanneer de vleugelen niet open staan, zijn die pluimen gedeeltelijk met wit en zwart gespikkeld. Boven die groote zijn de middelmatige dekvederen, waarvan het buitenste deel meer gestriept is. Het onderste deel der vederen is zwart, min of meer gestriept. Van dichtbij moet men geheel wel de dweersstriepen der vleugelen bemerken.

De *stuurpennen* van den steert zijn zwart, maar op den uitersten boord er van ziet men toch een weinig grijs.

De *groote gekromde vederen* van den steert zijn zwart, nu min dan meer donkerzwart, geboord met eene zuivere of vuile witte bies. Op eenige plaatsen zijn zij tamelijk breed en schijnen het begin van eene striep.

De *kleine en middelbare gekromde pluimen* zijn van een levendiger zwart met groenen metalen weerglans. Zij hebben een witten zoom, die hier en daar breeder en breeder wordt. De hoenderen, die wel geteekend zijn, hebben nevens de kleine gekromde steertvederen, pluimen met witte en zwarte striepen.

De *steert* is zwart, maar de pluimen zijn licht met wit omboord. Hoogzwart zijn ze niet; ook moet men, zoo veel het mogelijk is, de roetzwarte verwijzen.

Het bovenste van den borstlap is onmiddellijk onder de lellen wit, en vormt met de schouderkap eene witte kraag.

De *borst* van den haan overtreft in witheid die van de hen, maar mag toch niet effen wit zijn. Tien of twaalf centimeters van den bek af beginnen de pluimen, in de breedte, zwarte stippelen te dragen, die aan een begin van striepen gelijken; wat leeger hebben zij eene zwarte dwarsstriep; de volgende twee, daarna drie, tot dat men komt aan de eigenlijk gezegde borst (tegen 't beneden deel van 't borstbeen). Hier zijn de vederen regelmatig wit gestriept, afwisselend met eene zwarte striep. Er zijn vier of vijf witte striepen. De zwarte striep is vier of vijf maal breeder dan de witte.

De onderborst, de zijden en de billen zijn met die regelmatige striepen bedekt, maar de striepen verminderen van breedte naarmate dat de pluimen kleiner worden. Tot in den dons van den onderbuik vindt men den zwarten trek, afwisselend met den witten.

De zilveren Hen.

Het oog moet, gelijk dit van den haan, van donkere kleur zijn.

De *oogappel* is soms ook zwart en dan schijnt het oog nog donkerder.

De *oorlappen* zijn wit.

Het *gelaat* is rood.

De *schouderkap* en *het bovenste deel van de borst* zijn wit en moeten wel uitkomen gelijk eene mantelkraag op het overige donker gevederte. Wanneer men nochtans van dichtbij de pluimen van de schouderkap onderzoekt, wordt men al licht gewaar dat er hier en daar, maar bijzonderlijk op het uiteinde er van, zwarte stikselkens zijn. Die zwarte puntjes op de schouderkap kunnen de hen in de tentoonstellingen niet doen afkeuren. Hier immers in keviën opgesloten, zijn ze geheel en gansch onder de oogen.

De vederen tusschen *de schouderen en den rug* moeten wel met wit gestriept zijn; de witte striep moet drie keeren de breedte hebben van de zwarte.

Het zwart der pluimen van den rug, der vleugelen en der schouderen moet roetzwart zijn met metaalglans.

Op de *zijden* is de witte striep veel smaller, maar moet toch wel geteekend zijn.

De groote *stuurvederen* van den steert zijn zwart met witte teekens, bijzonderlijk op den uitersten kant.

De *dekpluimen* van den steert, die hier in plaats van de gekromde staan, zijn min of meer met fijne witte striepen versierd. Deze wisselen af met zwarte.

De *groote vederen* der vleugelen hebben langs den buitenkant zwarte golvende striepen op witten grond. Al binnen zijn zij zwarter en wit gespikkeld. Al de kleine *dekpluimen* der vleugelen moeten wel gestriept zijn. De zwarte striep moet schoon blinken en de witte zuiver geteekend zijn.

Het bovenste van de *borst* is wit met zwarte spikkels.

De *keel* is wit.

De *pooten* zijn donkerblauw.

GOUDEN, WITTE EN KORTE POOTEN.

De *gouden* verschillen maar van de zilveren hierin, dat in plaats van zilverwit de grondkleur van hun gevederte goud is.

De *witte* hebben geene andere dan sneeuwwitte pluimen.

Er is nog een ander slag van Kempische hoenders, *korte-pooten* genaamd. Deze hebben de pooten en billen zoo kort, dat zij schijnen hun lijf langs den grond te sleepen. Voor al het overige zijn zij gelijk aan de zilveren.

VIERDE HOOFDSTUK.

Hoenderkot.

IJ lezen in de « Hofstede en Landthuys » (1) :
« Aengaende de hoenderen, haer kot sal men maecken op de zijde van het Landthuys, ende verre van des Heerenhuys, omdat dese vogels quellick zijn, alle dingen vuyl maecken, ende 't huysgezin moeylick vallen. 't Sal oock staen tegen het Oost-Zuyt-Oosten, omtrent den oven of keucken, indien 't mogelick is, om dat de wermte, die de hennen doet leggen, ende den roock, die de hennen seer gesondt is, tot daer soude mogen komen. Het sal oock een kleyn vensterken hebben, recht tegen het Oosten, daer langs dat de hoenders sullen mogen 's morgens uyt, ende 's avonts weder in vliegen, 't welck 's nachts sal gesloten staen, op dat se te verseekerder mogen in haer kot wesen, voor alle beesten die hun souden mogen hinderen. Van buyten sal een kleyn leerken staen, lancks het welck de hoenders sullen klimmen tot aen de venster van

---

(1) Hofstede en Landthuys......beschreven door Karel Stevens, M. Jan Libant, Adam Lonicerus en Johannes Schroderus. Alsook H. Olivier de Serres. Te Dordrecht bij Abraham Andriesz. 1662.

t kot, ende voorts in 't kot om te vliegen op de stocken, ende daer 's nachts te rusten. Het hoenderkot moet van buyten en binnen wel beset zijn, om dat de hoenders zouden mogen vrij zijn van de katten, fluwijnen, slangen ende ander beesten, die se souden mogen beschadigen. Dat oock midden in den Vrijthof, ontrent het hoenderkot, eenige boomen oft wijngaert geplant zijn, om dat de hoenders souden mogen in den Somer eenige plaetse hebben uytte sonne, ende de kuyckskens beschermt zijn voor den kuycken-dief, ende andere diergelijcke roofvogels. »

Lang is 't dat die regelen geschreven zijn, en nochtans komen zij nog altijd te pas. Zoo lazen wij over korte dagen in een tijdschrift : « Plaatst het hennenhok tegen de schouw van uwe keuken of een ander gebouw, waar er vuur in gemaakt wordt. Gedurende den winter zult gij ondervinden hoe die warmte uwe hennen zal aanprikkelen, en hoeveel meer eieren zij u zullen geven. »

Een klein verschil ontmoeten wij en het is dat, namelijk men eischt dat het vensterke niet in het Oosten, maar in het Zuiden zoude gemaakt worde. De reden is gemakkelijk om vatten en alle twee kunnen gelijk hebben.

Voor een tiental groote hoenders, zooals de Mechelsche koekoek, zal het kiekenhok tien meters lang zijn en twee meters breed. Het is niet genoeg het tegen alle koude te beschutten, het moet nog in tijds van versche lucht kunnen voorzien worden, altijd uitnemend net zijn, nooit wak en alleszins eenen gemakkelijken toegang hebben.

Alle dagen moet het hoenderkot schoon gemaakt worden, zoohaast zijne inwoners het verlaten hebben, en het mest moet op eene zijde gelegd worden. Drie of zelfs vier maal in 't jaar zullen de muren er van met levende kalk gewit worden; indien het geheel en al in hout opgetimmerd is, zal het noodig zijn 's winters de wanden er van met eene dikke laag stroo te bekleeden, welke vast gemaakt wordt met dunne latten.

De stokken waarop de haan en de hennen zitten en slapen, zullen uit masthout gemaakt worden, zij zullen zes centimeters breed zijn en rusten op kleine schragen, ongeveer vijftig centimeters van elkander geplaatst. Het is geraadzaam het hoenderenrek iedere week te kuischen en af te schrabben, en zelfs er met eenen borstel vol petrool over te gaan.

Legkorven gebruikt men gemeenlijk, maar men moet zorg dragen het stroo ervan dikwijls te vernieuwen. Kleine hollen van vijf-en-dertig centimeters hoog op dertig breed en dertig lang, door den metser op een meter twintig boven den grond uitgespaard, in den muur, dienen ook tot nesten; ook wel bakken of kisten, op eene plank geplaatst, met of zonder bodem, en waarvan de kanten tien centimeters hoog zijn, om wel het nest te bewaren, bijzonder in 't broeien. Voor die hollen en bakken moet er ook eene plank zijn, die den toegang tot de nesten vergemakkelijkt.

Indien men geen kort stroo voor de nesten verkiest, kan men ook wel turf gebruiken, maar nooit hooi, daar dit de vermenigvuldiging der woekerdieren begunstigt. Met turf is er geen slechte geur en mest komt er niet van. Door scharten zuiveren de hoenders den turf en maken er eene goede opslorpende stof van; zoo is het strooisel van nest en hok altijd zuiver en net en kan gemakkelijk omgekeerd worden. Turf is altijd droog, geeft aan het hennenkot droge lucht en maakt dat de dieren zelfs in regenachtig weder, altijd reine pooten hebben. In de nesten is de turf eene zachte leenige legerstede; hij weert de vuiligheid, de eieren blijven er op hunne plaats liggen, rollen de eene tegen de andere niet en verkeeren dus in geen gevaar van te breken.

Een nest kan voor drie of vier hennen dienen. Het is geraadzaam in een hoederkot slechts vijftig hoenderen te zamen te doen wonen, zoo vermijdt men ziekten en kwalen, want de sterfte vindt zeer dikwijls haren oorsprong in de groote menigte van dieren, die bijéén zijn.

Is het noodig het kiekenkot te ontsmetten, men brandt op een veunzer of kafoor eenen kilo sulfer, wat het voordeel heeft al het ongedierte te versmachten. Daarna verlucht men wel het kot en laat men het gedurende twee maal vier-en-twintig uren met vensters en deuren open. Na dien tijd mag men gerust de hoenders wederom binnenlaten.

De drinkbakken moeten in den winter alle dagen twee maal schoon gemaakt worden, en in den zomer driemaal; altijd goed voorzien wezen van schoon en klaar water.

Op het nêerhof moeten hanen en hennen hunne schuilhoeken hebben, waar zij, beschut tegen regen en wind, altijd plaats kunnen vinden. Die schuilen ontbreken op onze hofsteden niet, maar wel soms bij de liefhebbers.

In Frankrijk en in Engeland hebben wij hoenderhokken op wielen ontmoet. De landbouwer rolt die houten hutten van den eenen akker naar den anderen, in den tijd dat men het land bewerkt. De hoenderen vallen dan op rupsen, sprinkhanen, en alle slag van schadelijke dieren, die ieder jaar. wanneer zij in leven blijven, zooveel kwaad aan den oogst doen. Het springt genoeg in 't oog dat rond de hofsteden de vruchten veel schooner staan dan in 't volle veld. Dat is toe te schrijven aan de hoenders die eenen gedurigen oorlog doen aan het invallende ongedierte.

De akkers worden daardoor niet alleen gezuiverd van die nadeelige kerfdieren, maar ook van grauwe en witte botsen en van 't onkruid en zijn zaad.

Te lande ot op het nêerhof is een stof- of droog bad zoo noodig als aangenaam voor het gevogelte. In de opene lucht kan dat niet geschieden, maar niet verre van de nesten in eene besloten plaats. Men zal bij voorkeur eene groote en diepe kist nemen, en die vullen met drie vierden zand en asch, die men door de zeef heeft laten loopen, en een vierde sulfer met wat poeder tegen de insecten.

Laatste verbeteringen.

BEWEEGBAAR EN ROLLEND HOENDERKOT. BEWEEGBARE AFSLUITINGEN.

De laatste verbeteringen aan het beweegbaar hoenderkot zijn wij den heer Voitellier, van Mans, in Frankrijk, verschuldigd.

Een hoenderkot, dat vast is en op dezelfde plaats blijft, zal in vele gevallen voor een verplaatsbaar moeten onderdoen. Het laatste kent geene wakte, maakt de trekgaten onmogelijk, beschut in den zomer tegen de brandende zon, en verwijdert op die manier alle oorzaken van besmettelijke ziekten. Inderdaad, geef aan uwe hoenders versche frische lucht, zuiveren en drogen grond, diertjes en groenten, en gij zult ze in volle gezondheid houden.

Wanneer wij de beweegbare hoenderhokken aanprijzen, het spreekt van zelf dat wij schrijven voor de hoenderkweekers, die geen grooten en wijden loop aan hunne dieren geven kunnen.

Opgelet ook voor den man, aan wien gij het verveerdigen van uw hok toevertrouwt. Meer dan één schrijnwerker en timmerman heeft het durven aannemen een zoo gezegd verplaatsbaar kiekenkot

Beweegbaar hoenderkot.

te maken, maar wanneer het uit den winkel moest komen, was hij de eerste om te ondervinden dat de verscheidene stukken bijkans uiteen niet konden, dat het veel tijd vroeg om opgeslagen te worden, en dat hij er twee maal aan denken zou vóór het besluit te nemen het alle dagen te verzetten.

In het verveerdigen van het hoenderhok moet men ook in acht nemen dat het zoowel bij dage als bij nachte dienen moet. Daarom is het goed het verblijf der hennen op het eerste verdiep te maken en er onder gelijkvloers eene wijkplaats uit te sparen. Deze laatste moet langs drie kanten gesloten zijn en alleen van voren open blijven, alzoo zal zij de hoenders tegen wind en regen beschutten, en eenen schaduwhoek geven tegen de groote hitte der zon. Hier zal men den grond droog houden, hem met zand of assche bestrooien en de gelegenheid aan de vogelen geven er zich in te wentelen, hunne vederen te kuischen en zich van het ongedierte te ontmaken.

Het bovenste kot mag maar van zeventig tot tachentig centimeters diep zijn, om gemakkelijk de eieren te kunnen rooven en zonder last het in alle hoeken en kanten te zuiveren.

De roeststokken worden hierin alle overdwars geplaatst en niet trapgewijze, de eene boven de andere; want in dit laatste geval willen al de hennen op den bovensten stok slapen en iederen avond is het een ongehoord gevecht om de verlangde plaats te bekomen. Ten anderen vangen de onderste daar dingen, die niet aangenaam zijn op het lijf te krijgen.

De lengte van het hok moet in evenredigheid zijn van het getal hennen, die het bewonen. Indien men het tegen eenen muur zet, mag men gemakkelijk geheel de lengte van het park geven. De onderste schuilplaats zal zooveel te grooter zijn en te meer gemak en genoegen kunnen verschaffen in geval van slecht weder.

Wanneer men geheel de lengte van eenen

grooten muur met hoenderhokken bezet, en men zoo een zeker getal perken de eene nevens de andere plaatst, is het noodig de scheidingen tot op de hoogte van eenen halven meter in hout op te slaan; maakt men ze in ijzerdraad, dan zullen de hanen geenen stond vrede hebben, gedurig vechten en het bloed zal zonder ophouden vloeien.

Nevens de beweegbare hoenderhokken heeft de heer Voitellier de beweegbare afsluitingen tot stand gebracht. Zij zijn op zulkdanige wijze gemaakt dat men de hoenderperken veel gemakkelijker en veel sneller als de schapenperken verplaatst.

Beweegbare Afsluitingen.

De beweegbare afsluitingen hebben voor bestanddeelen enkele paneelen van twee meters breed op twee meters hoog.

Die paneelen, al onder tot eenen halven meter boven den grond in vol hout, door kloeke dwarskepers aaneen verbonden, en met ijzeren bouten bijeengebracht, zijn sterk en kunnen tegen alle weder. De wind zal ze niet omverwerpen en de regen kan ze niet beschadigen.

Niet alleenlijk verzet men die perken snel en zonder moeite alle dagen, maar 's winters, wanneer ze onnoodig worden, pakt men ze gemakkelijk in, verbergt men ze in stal of schuur, en wanneer de lieve lente wederom aankomt en het oogenblik daar is om ze buiten te brengen, zijn ze zoo goed als nieuw.

Met dit slag van afsluitingen vermijdt men het gevaar van de hoenderen te zien verbasteren, het uitkippen of uitkiezen wordt eene gemakkelijke taak, zelfs een spel.

Het dagelijksch verbeteren van het nijverheidstuig vermeerdert de weerde der voortbrengselen; alzoo ook oefenen in landbouw en vogelteelt het wijselijk schikken der kleinigheden, in het inrichten van het neêrhof, het doelmatig volmaken van al wat men in het hoenderfokken gebruikt, eenen ongelooflijken invloed, dien men welhaast tot in de dieren toe bemerkt. Indien de Engelschman in al onze tentoonstellingen de bijzonderste prijzen behaalde, dit was uitsluitelijk aan zijne volmaakte inrichting toe te schrijven.

Zot van verlangen naar gemak en genoegen, uiterst verliefd op hunne « at home », weigeren de Engelschen aan hunne huisdieren niet wat zij voor hen zelven als onmisbaar achten. Van daar die prachtige peerdestalen, die schoone hondekoten, die kunstrijke duivenhuizen en die gemakkelijke hoenderhokken. Dit alles was buiten Engeland onbekend en wordt nu nog op vele plaatsen in den buiten met hardnekkigheid verstooten.

De inrichtingen van den heer Voitelier maken dat op dit uur de Franschen voor hunne overzeesche geburen de vlag niet meer moeten strijken, en in ons land zelf zijn wij, in korten tijd, zoo ver op den weg van vooruitgang gegaan, dat wij welhaast voor niemand meer zullen moeten onderdoen.

De verplaatsbare perken hebben een bijzonder nut voor liefhebbers, die hoenders van verschillende rassen willen kweeken en over geen uitgestrekten grond kunnen beschikken. Dank aan hen kunnen zij eene groote hoeveelheid verschillende hoenders houden, ze in goeden staat kweeken, en bijna dezelfde voortbrengselen er van genieten, als liepen zij in volle vrijheid.

Indien men maar één gemet weide of bosch heeft, brengt men die beweegbare perken in een of meer reken op weinigen afstand van elkander, en iederen morgen, of alle twee of drie dagen, verschuift men ze juist zoover vooruit of achteruit als ze breed zijn. Wanneer men tusschen ieder perk eene ruimte laat van vier maal zijne breedte, zal het maar alle veertien dagen wederom op dezelfde plaats komen en de planten die intusschen tijd hebben gehad van groeien zullen alle spoor van het verblijf der hoenders doen verdwijnen.

Wat best dienen kan in dit geval is eene houten kooi van drie meters lang op twee meters breed, rondom omringd met traliewerk; omleeg en van boven is alles wel gesloten, tot beschutting tegen regen en wind. In zulk een hoenderkot kunnen gemakkelijk twintig hoenders plaats vinden, maar aangezien het voor de voortteling geschikt is, is het best van er maar één haan en zes hennen te laten inwonen.

Dat verdraagbaar hok, zoowel als het perk, kan geheel en gansch uit één, wordt in eenige stonden opgeplooid en laat eene snelle en volle kuisching toe.

Te Mans, in 't gesticht van den heer Voitellier,

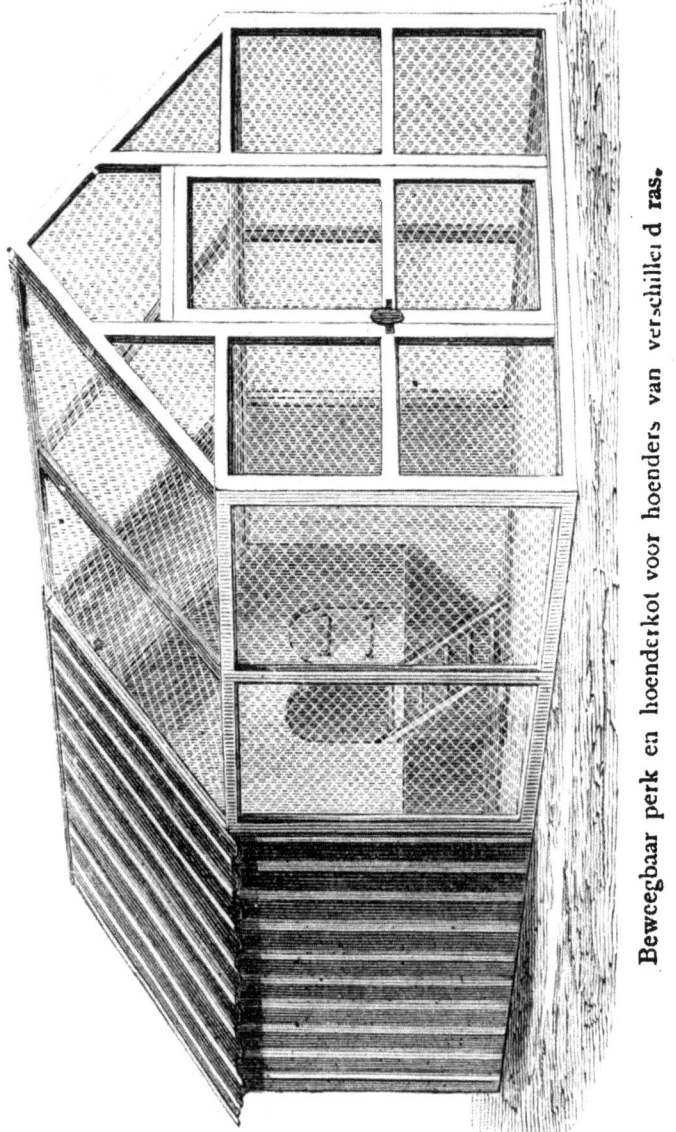

Beweegbaar perk en hoenderkot voor hoenders van verschillend ras.

kan men oordeelen hoe nuttig die inrichtingen zijn. Hier ook had men plaats tekort en om het nêerhof te vergrooten moest men eenen prachtigen moestuin slachtofferen. Er viel niet te aarzelen, er was immers maar te kiezen tusschen tuinbouw en vogelteelt, en toch bleef de tuin in vollen bloei en kon men grond genoeg vinden om hoenderen te kweeken.

In een beluik van vijftig aren sloeg men tusschen de fruitboomen en in reken een twintigtal perken op. Tusschen ieder perk liet men een stuk grond liggen

Beweegbaar en inéénplooiend hok.

van tweemaal zijne breedte, dat men bezaaide met artisjok, salade, spinazie en boonen, en zoo won men er alle gewassen, die men gewoonlijk in de moeshoven vindt.

Alle zes maanden, wanneer de moeskruiden verdwenen zijn, worden de perken de lengte van hunne breedte verzet, en de grond waarop ze gestaan hebben, gespit en bezaaid. Beter moesgrond kan men niet vinden; het zaad komt wel op, de planten groeien weelderig en getuigen van de kostbare vette, waarmede de hoenderen den grond gemest hebben, en de oogst van moesgewassen overtreft dien van al de geburen.

Van een anderen kant vinden de hennen eenen overvloed van gras en kruid, talrijke diertjes, die de planten aldaar aanlokken, immers met slekken en wormen maken zij goede sier, dank aan den grond, die zoo dikwijls vernieuwd wordt. Aan groenten en gewassen is de ziekte hier onbekend.

Eene laatste verbetering aan het beweegbaar hok is van het ook opplooibaar te maken; vergaderd bij middel van lechten, in plaats van ijzeren bouten, kan het geheel en gansch uiteen gedaan worden. De zijkanten zijn plat gemaakt zonder bedekking der voegen.

Het rollend hok dient om de hoenders overal rond de velden te voeren; het is tweewielig en in de

Tweewielig hoenderhok.

hut ervan zijn twee verschillende afdeelingen; de grootste dient voor slaap- en legerstede, de kleinste om de afsluitingen en toebehoorten er in te verbergen. Rond het rijtuig plaatst men het getralied afschutsel en in zeven minuten is alles klaar. 's Avonds, wanneer de hennen slapen zijn, vervoert men ze elders.

De menschen, die de koornaren oprapen, welke na den oogst nog hier en daar op de akkers liggen, kunnen het nooit zoo zorgvuldig doen, dat er niet nog eenige tusschen de stoppels verloren blijven liggen.

Als de oogst geweerd is schieten er menigvuldige plantjes uit, en de heete zon broedt duizenden krieldiertjes uit. Nu of nooit is het oogenblik gekomen om de

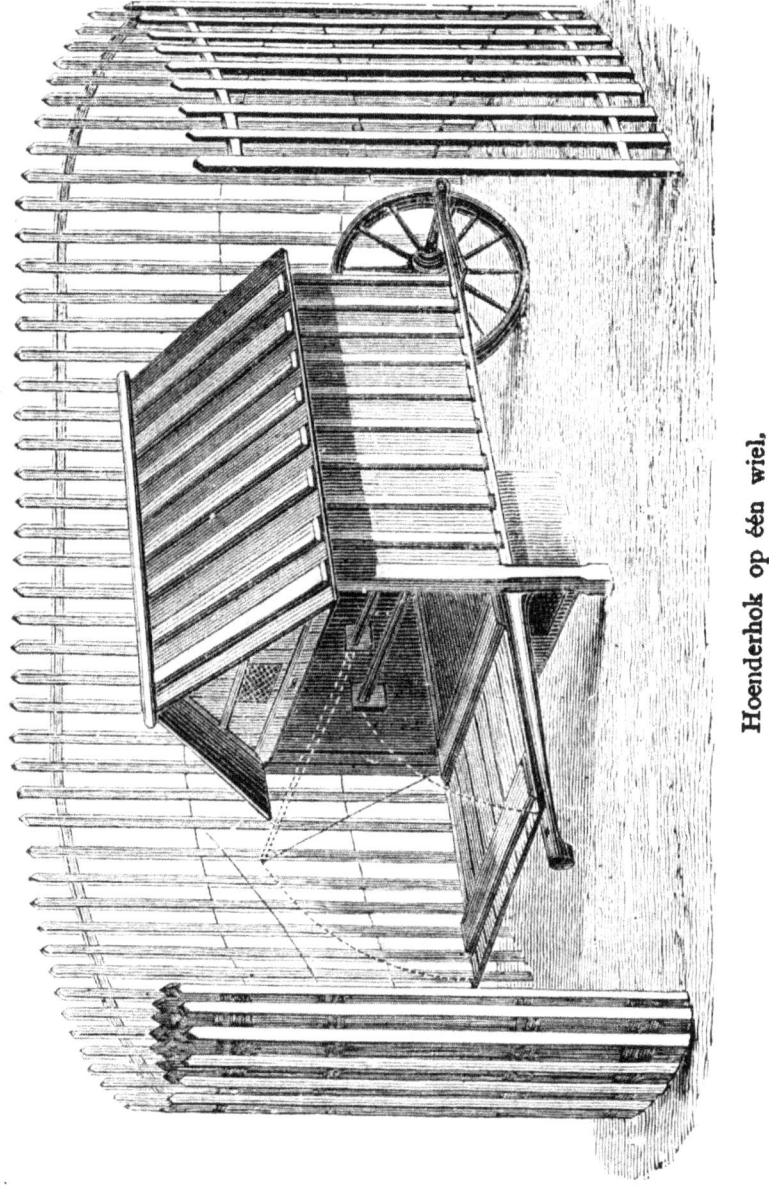

Hoenderhok op één wiel.

bewoners van het neerhof op de landen los te laten; liggen zij te verre van de hofstede, het is dan dat het tweewielig hoenderhok te pas komt. Dat de landbouwer er niet op zie om het zich te bezorgen, want in de weken dat de hoenders buitenloopen is het al profijt en heeft hij er niet den minsten onkost van, noch moet er in het minst voor zorgen. De landerijen worden van kwaaddoend ongedierte gezuiverd, eene kostbare vette wordt op den akker achtergelaten en het graan, dat nutteloos ging te kwiste liggen, zal nu ook winst geven, fijn vleesch maken en schoon geld in de beurs aanbrengen.

Is het tweewielig hok in eenige streken niet mogelijk, daar zal men een hok op één wiel kunnen gebruiken. Het is gemaakt om door kleine wegen en voetpaden, over vonders en bruggen te geraken. De afsluiting is van allerlichtste latten gemaakt, die met hoephout te zamen gebonden zijn, en gemakkelijk in of uit één kunnen rollen; met al de kromten van den grond te kunnen volgen, worden zij overal gemakkelijk geplaatst. Ten slotte kan het groot genoeg zijn om tot verblijf van een twaalftal hoenders te dienen.

VIJFDE HOOFDSTUK.

De Leghennen.

ZIJN er eenige teekenen, waaraan men de goede leghennen kan kennen?

Poultry, een goed Engelsch boek, legt de zaak uit met ons twee lichtteekeningen te doen zien. Op de eerste zijn verbeeld de koppen van twee Hermelynbrahmas, van twee jaar oud; op de tweede, twee Plymouthrocks van denzelfden ouderdom. De leghen van iedere soort heeft eenen grooteren doch langen en dunnen kop en levendige oogen. Van de slechte leghen is de kop kleiner en zijn de oogen dood.

Maar het is niet genoeg de goede soort te hebben, alles hangt af van de zorgen, die men aan de hoenderen geven zal. Vele landbouwers zijn verwonderd van zoovele hennen te hebben en zoo weinige eieren te rapen; nochtans zullen zij vergeten u de wijze uiteen te doen, waarop zij hunne dieren voeden.

De beste leghen der wereld zal ophouden te leggen, indien zij geen drinken heeft. Een klaar en helder waterbeekje zou juist zijn wat er noodig is, maar men kan dat overal niet vinden en de zinken drinkbak, met uitstroomingspotje voorzien, is desnoods nog het beste.

— 68 —

Zinken drinkpot.

In die drinkpotten zal immers het water dikwijls vernieuwd worden en moeite zal men niet hebben om ze zuiver te houden.

De wijze, waarop het voedsel uitgedeeld wordt, schijnt misschien aan velen eene zaak van weinig aangelegenheid, en nochtans om wel te lukken en de hoenders in gezondheid te bewaren is het eene hoofdzaak.

Het hoender is een graan-, kruiden- en insecten-etende vogel; in zijn voedsel moet groote afwisseling bestaan. Verandering van spijs is hem aangenaam en prikkelt zijnen eetlust. De hen in volle vrijheid is altijd op zoek; ze schart gedurig, houdt niet op te pikken, verlaat het mierennest om een jong plantscheutje te peuzelen.

Wanneer het hoender opgesloten zit is men gedwongen het te voldoen, wil men het gezond houden en gerust op zijne voortbrengselen rekenen. Dikwijls en weinig voedsel geven is de grondregel van de voedingswijze der hoenders.

Het voedsel wordt best op den grond niet geworpen; de groenten, zurkel, salade, koolen worden aan kleine koorden vastgebonden en opgehangen of in een ruitje gelegd, want vertrapte kruiden zullen de vogelen niet meer smaken.

Het graan wordt hun gegeven in eenen eetbak met

Eetbak met ijzerdraad.

gebogen ijzerdraad voorzien tusschen iederen boog is er $0^{m}06$ ruimte; de ijzerdraad is met zink overdekt om door den roest niet opgeëten te worden.

De deegbollen, die voor ieder hoender ter grootte zijn van een ei, moeten een kwart uurs nadat ze gegeven worden, uit de bakken verdwenen zijn. Indien dit zoo niet geschiedde, het ware teeken dat de spijsportie niet in evenredigheid is met het getal dieren.

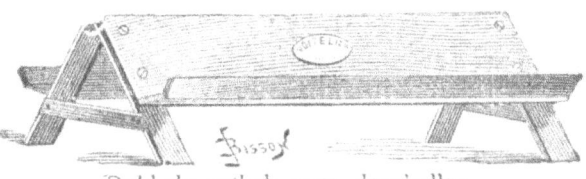
Dubbele eetbak voor deegbollen.

Soms geeft men ook den hoenderen deeg op eenen blok.

Hier ook is reinheid en zuiverheid, zelfs de overdrevenste, zuinigheid. Het dikwijls uitwasschen der eetbakken is voordeeliger dan overvloedige spijs, zonder maat aan de hoenderen uitgedeeld en op slechte wijze. In een woord: wilt gij gelukken in hoenderenteelt, geef dikwijls voedsel, maar weinig en doelmatig, niet altijd hetzelfde, en in vaten, die altijd blinken van zindelijkheid en netheid.

Deegblok.

Daarenboven indien gij vele eieren wilt hebben geef aan uwe kakeldieren verkloekend voedsel en sterken kost, die vleesch en eieren kan geven. Van dat slag is haver, geerst, boekweit, vleesch, ossenbloed enz. Dit laatste wordt niet genoeg gewaardeerd en is nochtans hoogst voedzaam, bijzonderlijk als men het met graan vermengt en er een soort van brood van maakt. Een kilogram bloed, te zamen met hetzelfde gewicht maïs- of geerstebloem gewrocht, is zoo veel als vijf kilogrammen gewoon brood. De hoenderen zijn zot achter spijs, waarin eenige kalk is; daarom stampt men voor hen eierdoppen; men geeft hun het plaaster, komende van afgevallen zolderingen, of nog beter fijn gestooten oesterschelpen.

Niets is beter dan in hun eten versche nittelen te doen, die men fijn heeft gekapt, ook berenklauw (Acanthus mollis), een soort van distel, dien men langs de grachten en in wakke weiden vindt, en die kennelijk genoeg is aan zijne prachtige uitgesneden bladeren. Dit gewas wordt als voedspijs gegeven en bevoordeeligt op wonderbare wijze het leggen; ten anderen : alle groen versch gegeven en wel in stukjes gesneden, is aan te prijzen.

Eene hen, die wel eet, zal wel leggen. Als zij met eenen half gevulden krop slapen gaat, is het een slecht teeken en gij mocht zeker zijn dat zij welhaast zal ophouden van leggen; integendeel is hij proppend vol, zij legt of zal het welhaast doen. Leghennen met kleine kroppen beteekenen niet veel.

Ziehier de afbeelding van een gewonen legbak.

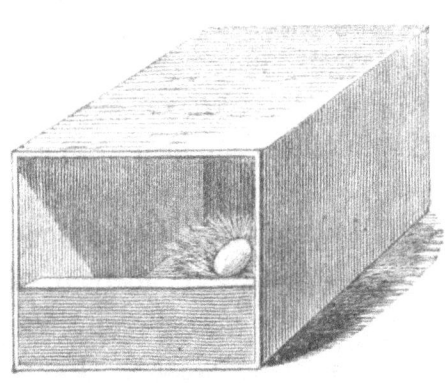

Legbak.

Er zijn somwijlen ook wel hennen, die hunne eigene eieren opeten, en dat uit oorzaak omdat zij te kort zitten. Het volgende tuig wordt als hulpmiddel daartegen den hoenderkweekers aangeboden.

Het is een bak gemaakt gelijk een nest, dat men voor het leggen der eieren bereidt. Het midden is licht bol uitgezet en daarop rust een glazen ei. De hen, door dat soort van nestei uitgelokt, komt er op om te leggen juist gelijk op een gewoon nest, maar haar ei glijdt aanstonds weg tot op den bodem van den bak. Verscheidene hennen mogen er de eene na de andere komen opzitten, al hunne eieren zullen verdwijnen, zonder dat er één gebroken wordt.

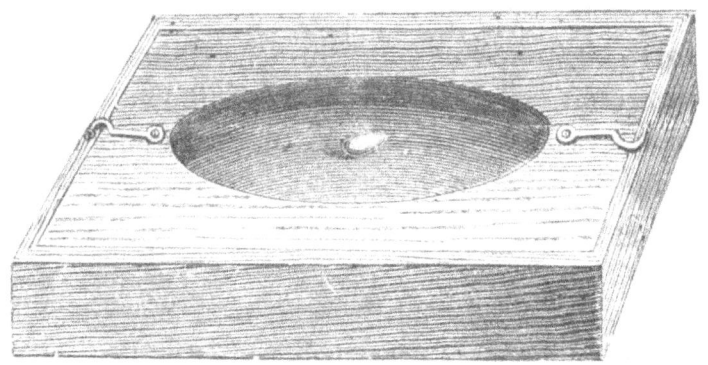
Legbak.

Glazen eieren kan men zich ook verschaffen, die men als nestei in de korven legt.

Wilt gij op doelmatige wijze te werk gaan, schikt diensvolgens de broeisels als volgt :

1° Om graankiekens te hebben zult gij uwe hennen in October en Februari laten broeien.

2° Wilt gij kiekens hebben om te vetten, in Juni en December.

3° Verkiest gij eene legster voor den winter, zie toe dat gij gereed zijt voor Januari en Juni.

4° Houdt gij aan de voortteling, dan zijn de maanden Maart en Juli de beste.

Gij ziet dus wat kostelijk dier de Schepper ons in de hen heeft gegeven. Een onnoozel kieken van een jaar, dat nauwelijks een frank en half weerd is, zal u in acht maanden honderd eieren geven ter weerde van zes frank, en het verliest bijkans niet van zijnen prijs, indien gij het na dien tijd wilt verkoopen. Want dan nog zult gij meer dan een frank er voor krijgen. o! Indien de landbouwer zijne schatten kende!

Hoeveel landlieden zijn er niet die trachten eieren te hebben in het begin van het jaar, wanneer zij ten duurste zijn? Daarom moeten ze vroeg hunne hennen zetten, om in 't voorjaar kiekens te hebben die zullen beginnen leggen wanneer de oude eindigen.

Vergeten wij niet dat vele kleintjes een groot maken en vele kleine winsten, bijéén genomen, eene verbazende som geven.

ZEVENDE HOOFDSTUK.

De Broeihen.

IN « Hofstede en Landhuys » lezen wij dat men de hen « laet broeden, van dat se twee jaer geleyd heeft, tot drie en vier jaer toe; ende men stelt er vele te broeden op eenen tydt, ende onder haer stroo legt men een stuck *Ysers tegen den Donder*, oft *Lauwer-bladeren*, oft *bollen van Loock*, oft *groen gras* : want men seydt dat dit goet is tegen den *sprou* ende *wanschape kuyckens*. Men stelt te broeden met het wassen van de mane, van den tweeden dag der nieuwe mane totten veertienden, naer de leering van Florentin. Maar *Columella* seydt van den vierden tot den vyftiensten, en dat de kuyckens souden gekipt werden met de andere mane, want sy en broeden maer een-en-twintig dagen. »

Zoo schreven de ouden, en in dezen tijd van *folklore* zullen die regelen welkom zijn. Wij weten niet waarom men vele hennen in eenen keer moet laten broeden, maar het is goed, twee ineens te zetten, want wanneer gij den zevenden dag de eieren zult onderzoeken, zult gij er meer dan één vinden, dat niet bevrucht is. De goede zult gij aan eene en dezelfde broeister geven en aan de andere hennen, nieuwe en versche. Ook bij de uitkipping, wanneer weinig kiekens uitkomen, zal er maar ééne klok noodig zijn. Dit is misschien ook de reden waarom meer dan eene hen ineens gezet wordt.

Inderdaad, zien wij verder : « Men vindt vrouwen, die qualijck beyden konnen tot het eynde van 't broedsel, maar van dat de henne vier dagen gebroet heeft, soo nemen sy d'eyeren uyt, d'een voor de andere naer, ende besien se tegen de klaerheydt van de sonne, ende is 't dat daer in niet en sien bloedige straelkens ot aderkens, soo worpen sy die wech ende leggen andere. »

De hen zoekt zelve de beste plaats om hare eieren te broeden. Van zoo haast zij die verkozen en haar nest gereed gemaakt heeft, is het de plicht van den mensch haar er te laten in alle zekerheid en gerustheid. Men moet zien dat hare gezellinnen haar niet komen stooren; ook iederen keer, dat zij een ei heeft gelegd, het wegnemen en het door een plaasteren of een porseleinen ei vervangen. Na een vijftiental dagen zal de hen voor goed blijven zitten, en het is dan het oogenblik waarop men hare eigene eieren, of andere, teruggeeft.

Indien gij geene dieven of schadelijke dieren vreest, laat de hen in bezit van de plaats, die haar best bevalt, want het is van iedereen geweten dat zij nergens beter zal broeden. Het zal nochtans goed zijn het nest wel op te maken, versch gehakte turf er in te leggen en daarboven een weinig stroo of hooi. Zie ook toe dat het niet te ondiep is, opdat de eieren er niet gemakkelijk uit zouden geraken.

Indien het noodig is de hen van nest te veranderen, het zal best zijn dit 's nachts te doen.

De keus der eieren is eene hoofdzaak. De versch gelegde zijn de beste; al deze, die geen zuiveren dop hebben, worden weggeworpen; deze, die te groot of te klein zijn, wier gemaaksel niet regelmatig is, die welke twee dooiers inhouden, de eiers die van eene zieke, oude of te vette hen voortkomen, kunnen geenszins dienen. Eieren, die niets te wenschen laten, zal men alleen gebruiken.

In volle vrijheid loopende, houdt de hen na twintig of dertig dagen op van leggen en begint aanstonds hare eieren te broeien. Het grootste gedeelte zijn dus versch en liggen wel verzekerd in een goed beschut nest, zonder dat er een geschokt is geweest of door de sterke lucht benadeeligd. Ook zijn zij gave en gezond.

Dat dier leert ons dus alle eieren te verwerpen, die in den winter drie weken, en in den zomer veertien dagen zouden kunnen oud zijn; in de groote hitte zullen zij maar van acht dagen zijn. Uit eieren, die ouder zijn, kunnen er wel kiekens komen, maar zij zullen altijd ten achteren zijn en geheel week.

Om de eieren versch te houden en hun te langer hunne kiemkracht te bewaren heeft men uitgedacht van ze met vet te bestrijken, dat men afwaschte wanneer men ze onder de broeihen ging leggen. Maar daarmeê heeft men niet gelukt en geen een zulkdanig ei heeft een kieken voortgebracht.

Ook is het niet goed de eieren in lagen van zaagmeel, zemelen of asch te plaatsen, want op die wijze te werk gaan is de dopgaatjes verstoppen.

Zaagmeel en asch, volstrekt droge stoffen, zoeken de vochtigheid en bevorderen de uitdamping der waterachtige stoffen dweers door de eierschaal.

De eieren, die men wil laten bebroeien, zullen in goeden staat worden gehouden, best in plaatsen waar de lucht noch besmet, noch aan hevige bewegingen onderworpen is, en om het schudden en breken te vermijden, zoo goed mogelijk op tarwe, haver, geerst, haver of ander graan gelegd worden.

Bij den heer Voitellier hebben wij eene kas gezien (aan alle vogeltelers aanbevolen), uitsluitelijk bestemd tot het bewaren van eieren.

Kas voor het bewaren van eieren.

Die kas bevat schuifladen die zelven in verschillige vakken verdeeld zijn volgens de hoeveelheid en de verschillige rassen, die op het neerhof gekweekt worden. De bodem van iedere lade is met graan bedekt, dat van tijd tot tijd vernieuwd wordt. Op zijde van de kas zijn er openingen juist boven ieder schof, zoodanig dat er lucht genoeg is om het leven in de kiem van het ei te houden, zonder dat er te veel is en alzoo de uitdamping verhaast wordt. Eieren, op die wijze bewaard, zijn eene maand lang zoo goed als versch. Wij hebben er gezien die twee maanden oud waren en met den besten uitslag aan de broeihen gegeven werden.

Het volk meent dat eieren, goed om te bebroeden, moeten gelegd zijn van den zevensten Februari tot den twee-en-twintigsten September, en dat zij altijd ongelijk in getal moeten zijn, te weten in Lauwmaand vijf-en-twintig, en in Grasmaand een-en-dertig. Het getal eieren, die men geven mag, hangt af van de grootte der hen; wij hebben er gevonden die er veertien of zestien hadden, dus tegen het gemeen gedacht; wij hebben een hennetje gezien dat er maar tien had.

Het is maar na drie dagen bebroed te zijn dat men zal kunnen weten indien een ei bevrucht is of niet. De eieren worden dan door *luchtspiegeling* onderzocht. De menschen van den buiten houden eenvoudig de eieren naar 't licht van de zon of naar dit van eene keers, maar op die wijze kunnen zij niet met zekerheid oordeelen. Zekerder en gemakkelijker zal de *Ovoscope* of eierbekijker werken.

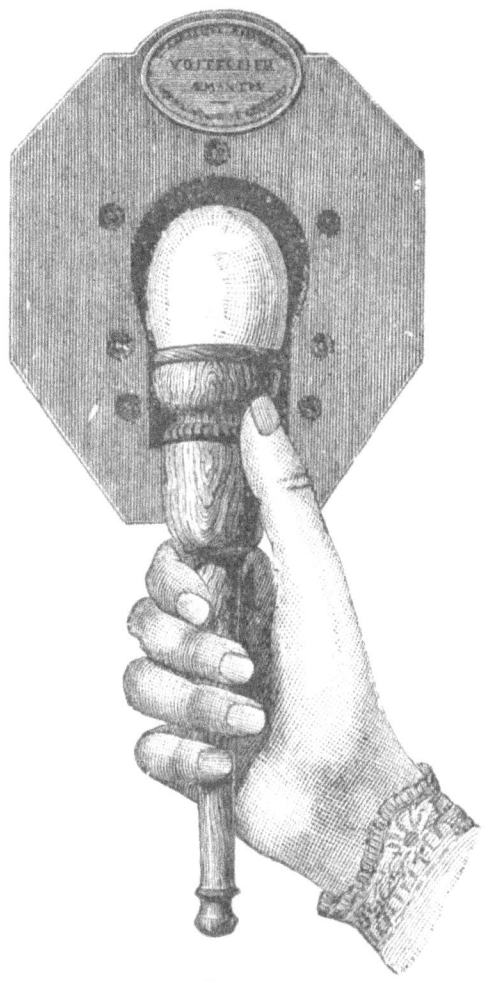

Ovoscope.

De *Ovoscope* bestaat uit vier deelen; een bakje om het ei er in te plaatsen; een steel of handvatsel; een metalen plaatje, dat bak en steel omringt en langs den eenen kant in 't wit, langs den anderen kant in 't zwart geverfd is; eindelijk een laken lapje. Wanneer iemand nu het tuig voor eene keers houdt, het metalen plaatje weerkaatst het licht, het laken lapje vangt de lichtstralen op, om ze te beletten 's mans oogen zeer te doen en het licht is op het ei vereenigd.

Om zich ervan te bedienen moet men den ovoscope in de rechter hand nemen, den duim op de groeven van het bakje plaatsen en dit recht voor het licht houden. Dan wordt het ei in het bakje gezet, de dikke top omhoog en eindelijk wordt het bakje langzaam omgedraaid door het drukken van den duim op de groeven van het bakje. Indien het ei vruchtbaar is, zult gij geheel klaar de kiem zien, die den vorm aanneemt van eene roode kobbe.

Indien het ei versch was wanneer het onder de broeihen werd gelegd, zal het nu nog versch er uit schijnen en men zou zeggen dat er bijkans geen dooier in is. Indien het een oud ei is, zou er kunnen een begin van ontbinding vastgesteld worden en in dit geval schijnt de dooier in 't wit te zwemmen.

Versch ei.

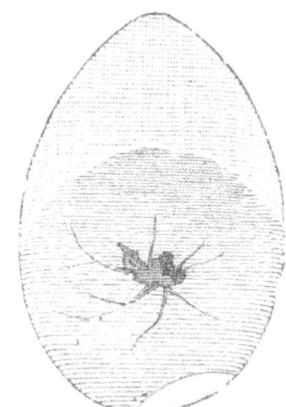
Ei na drie dagen bebroed te zijn.

Na twaalf dagen, indien de kiem zich voort heeft ontwikkeld, wordt het ei donker en ondoorschijnend en het huizekotje, dat met lucht vervuld is, vergroot. Indien de hanetred slecht keert, zal men nog altijd die gedaante van eene spinnekob bemerken, maar zoo helder niet meer als den vierden dag, en men zal ze zien zwemmen in onklaar en zwart vocht.

Van den vijftienden tot den zestienden dag wordt het ei geheel duister; de luchtkamer is de grootte van het vijfde van 't ei en een klein deeltje in den dikken top is alleen nog klaar.

Den een-en-twintigsten dag, op 't uitkippen, is het ei geheel duister; de luchtkamer is het vierde van 't ei, en wanneer men met den ovoscope alles wel onderzoekt, zal men al boven in de ledige plaats den kop van 't kieken kunnen bemerken.

De hen, die te onafgebroken op haar nest blijft is geene goede broeister; zij blijft op hare eieren geplakt, zoodanig dat de minste lucht onder haar niet kan doordringen en de hoenderkiem vergaat in den dop, versmacht door die overgroote moederliefde.

De hennen, die zoo gestadig broeden, sterven soms van honger op hun nest; het is de mensch, die hier het meeste verstand moet gebruiken, en ze nu en dan er van afnemen op het uur der maaltijden.

Hennen, die dat gebrek hebben, mogen langer van hun nest blijven; de eieren verkoelen zoo snel

Verplaatsbaar broeinest.

Er zijn er die willen verzekeren dat zij aan het gemaaksel van het ei kunnen zien of het hennekens of haantjens zijn, die er zullen uitkomen. Na veel en lang zoeken zouden zij tot het besluit gekomen zijn dat een lang en scherp ei eenen haan geven zal, een rond en dik ei eene hen. Anderen beweren dat de grootte van het ei het waarschijnlijk geslacht van het kieken, dat uit het ei zal komen, leert kennen : de grootste de mannetjes, en de kleinste de wijvetjes. Voorts wil men nog dat eieren, die bij de luchtspiegeling eene schuinsche kroon vertoonen, hennen zullen geven, terwijl deze met staande kroon, hanen zullen zijn. Zij houden staan als eene bewezen zaak dat de plaatsing van de luchtkamer een zeker teeken is van hanen of hennen, die uit het ei zullen te voorschijn komen. Is het huizekotje geplaatst in het dikste einde en hangt het wat op zijde, verwacht u aan een henneke, staat het recht, het zal een haantje zijn.

Gij ziet waar wij nu gekomen zijn : men bestudeert en onderzoekt alles. De tijden zijn voorbij, waarin de kiekens als van zelven met het gras der weiden en de granen van den akker uitkwamen. De hennen broeiden dan van zelf; niemand had er zorg voor en de minste kennis scheen overtollig.

Nu is de hoenderteelt eene wetenschap geworden; nevens het krachtig landbouwbedrijf en de nieuwerwetsche nijverheid heeft zij ook eene eereplaats weten te verwerven.

Men heeft begonnen met meer hennen te zetten; met den lust tot broeien in de hen heviger te maken; met de beste broeihennen uit te kiezen en hunne rassen te verbeteren. Men overwon de natuur van sommige vogelen om ze tegen wil en dank te doen broeien; de kalkoensche hen moest, willen of niet, op de heneieren zitten. Maar het ging nog niet snel genoeg en de stoom moest ook dienen om eieren uit te broeien : de broeioven, waarover wij verder in 't bijzonder zullen handelen, werd uitgevonden. Zou dit de laatste stap zijn op dien weg?

ZEVENDE HOOFDSTUK.

De klokhen.

DE moeder, die een-en-twintig dagen met zooveel moed en geduld op haar nest heeft gezeten, die de wordende vrucht zoo wel bezorgde, heeft nu meer iever en liefde dan ooit, nu zij hare kiekens rond haar ziet. Altijd is zij met hen bezig, vergeet haarzelve en zoekt voedsel voor haar kroost; indien zij niets vindt, krapt zij den grond open om den kost, die misschien verborgen ligt, te ontdekken; roept en klokt gestadig omdat er geen enkel kieksken zou verdolen, verbergt ze onder hare vleugelen om ze te beschutten tegen regen en wind.

Het zwakke dier vindt in de wanhoop ongelooflijke krachten om hare kiekens te verdedigen tegen den stekvogel, die meer dan eens zich van de verlangde prooi niet kan meester maken en elders op buit moet gaan.

De kiekens verstaan zoo wel die moederstem; bij het hooren ervan komen zij aangeloopen en verbergen zich onder de vleugels, sterke beukelaren waarop de slagen van den vijand te vergeefs botsen.

Wanneer verschillige hennen op hetzelfde hof zijn, zullen de kiekskens nooit missen en altijd hunne eigene moeder herkennen. Loopen de kleinen verloren, zij zal klokken en klokken totdat alle rond haar zijn.

Nadat ze uitgekipt zijn, zullen de jonge kiekskens van zes-en-twintig tot zes-en-dertig uren onder de moeder blijven, zonder eenig voedsel te ontvangen. Zij hebben in zich eene wel voorziene spijskamer; er is geen nood dat zij honger zullen lijden, want in geheel dien tijd gaan zij voort zich te voeden met den dooier van het ei, dat hen zoolang gespijsd heeft als zij aan 't worden waren. In dit eerste oogenblik van hun bestaan behoeven zij niets anders dan de warmte hunner moeder.

Als de twee eerste dagen voorbij zijn, moet men hun kruimkens van brood morzelen; men kan hun ook eenen deeg geven, bereid de helft uit haver- en de helft uit geerstebloem, korstjes brood in water geweekt, ook een versch ei en wat gehakt vleesch.

Niets is beter voor het eerste voedsel der pas uitgekipte diertjes, dan versche eieren in sneeuw geslegen en waarin fijne gestampte doppen gemengd zijn, dit alles op het vuur gezet totdat het verdikt. Tweemaal daags zult gij er van geven, er brood in brijzelen of er geerstegort in doen. Niet slecht ook is het, er een vierde van het gewicht vet in te mengelen omdat alles beter zoude verdeelen en het dan bestrooien met fijn kiezelzand.

Er is geen gebrek aan voorschriften hoe gij de kiekskens voeden moet. Ziehier nog eenige andere :

Eerst en vooral hoe men eenen deeg bereiden zal voor diertjes van vijf tot zes weken oud :

Een kilogram geerstebloem — 200 grammen gekookte rijst, ze laten zieden totdat er geen water meer te zien is — 190 grammen vogelzaad. Dat al te zamen werken totdat het een goede, gebonden, dikke en vaste deeg geworden is.

Wanneer de kiekskens twee maanden oud zijn, kunt gij ze tot hunne vier of vijf maanden het volgende geven :

Eenen kilogram geerstebloem — 150 grammen boekweit — 250 grammen in water gekookte Turksche tarwe en haver. Dat alles de helft verdund met water en melk, van elk de helft.

Eindelijk tot op den dag, dat gij ze wilt vetten, kunt gij ze voeden met :

Eenen kilogram doorbuilde geerstebloem; eenen kilogram dik gewordene melk; 100 grammen rijst; 50 grammen vogelzaad. Dit alles uitgelangd in wei.

De kleine kiekskens zijn verzot op vogelzaad, eierdooiers, broodkruim, maar ook op koolzaad, kempzaad en andere dergelijke fijne zaden; erwten, Turksche tarwe, rijst, geerst en gepelde haver.

De behendige hoendermelker zal het meestendeel van die verschillende zaden in kokend water laten zwellen, eer ze tot voedsel te laten dienen. Hij zal op die wijze een vijfde tarwe sparen, twee vijfden geerst en de helft Turksche tarwe, maar voor de haver is het de moeite niet weerd. Rauw fijn gehakt vleesch, alsook aardwormen, dat alles is insgelijks goede kost.

Nooit klaar en versch water te vergeten, dat hebben zij van den eersten dag noodig; daarom dikwijls de drinkbakken, die best niet te diep zijn, schoon maken.

In het opkweeken der kiekskens moet men wel zorg dragen dat hunne kleine kroppen altijd wel gevuld zijn. Dikwijls en niet veel ineens geven, alware het alle twee uren, en dikwijls de spijs veranderen.

Het zal goed zijn de jonge kiekskens met de hen in de eerste dagen onder eene kevie te zetten. Op die wijze zal men de moeder en de jongen afzonderlijk voedsel kunnen toedienen, want het is niet noodig dat de hen haar deel heeft van de lekkerbeetjes, die men voor de kleinen heeft gereed gemaakt. Na de eerste veertien dagen zal men ze met de moeder laten loopen en met haar laten eten.

Er bestaan muiten in ijzerdraad, veel lichter en bevalliger dan deze die met gevlochten wissen zijn

Muit in ijzerdraad.

verveerdigd, veel sterker en bijkans onverslijtelijk. Inzonderlijk zijn zij goed voor liefhebbers die maar weinig kiekens hebben.

Er zijn er ook nog andere, zooals deze plaat

aanduidt, zeer dienstig om er de klokken met hare kiekens in op te sluiten.

Kweekkas waarvan de deelen niet uit elkander kunnen genomen worden.

Deze derde soort is nog veel doelmatiger en kan gemakkelijk verzet worden aangezien haar klein gewicht.

Kooi voor kiekens en klokhen.

Zie hier eindelijk een kweekkot zonder grond, en zoodanig verveerdigd dat het gemakkelijk alle

Kweekkot zonder grond en dat van plaats kan veranderd worden.

morgenden van plaats kan veranderd worden. Zoo als het hier staat, is het drie-en-zestig centimeters hoog, vijf-en-zestig centimeters diep, en zooveel breed. Beter kot kan niet gevonden worden voor dezen die de hoenderteelt in 't groot doen en er eene kostwinning van maken.

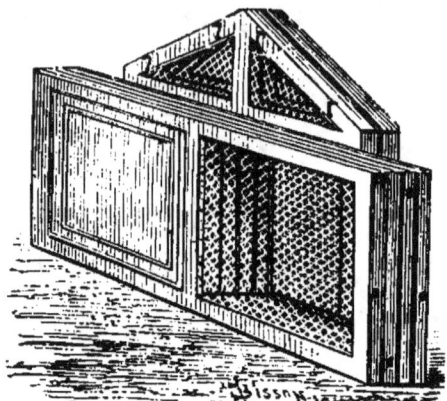 Het is niet moeilijk om van het eerste oogenblik der uitkipping het ras der kiekens te erkennen. Wonderbaar is het nochtans dat na acht-en-veertig uren dit altijd moeilijker en moeilijker wordt, immers dan verdwijnen de kenteekens totdat de hoenders volwassen zijn.

Opplooibaar kweekkot.

Van het geslacht kan men weinig of niets zeggen. In alle geval zou men ze best den eersten dag kunnen uiteenscheiden, want dan zult gij kam, spoor, gedaante van kop en pooten, alles in een woord dat u kan geleiden, beter zien. Acht dagen nadien is niets meer duidelijk.

De hoenderteelt is eene aangename bezigheid, maar toch heeft men niets zonder moeite. Wil men eieren, wil men goede kiekens, men mag zich geen werk ontzien.

ACHTSTE HOOFDSTUK.

Het inpakken der eieren.

LANG zijn wij, Vlamingen, ten achter geweest voor het inpakken van allerhande goed, dat naar verre streken moest verzonden worden. Dat is zoo waar dat wij het verleden jaar in den prijskamp voor inpakking, die plaats had ter gelegenheid der wereldtentoonstelling van Antwerpen, hebben moeten getuigen dat wij voor den vreemde hierin moeten onderdoen.

Eene nieuwe wijze om eieren ter verzending in te pakken, is van het oude klassieke hooi en stroo en zelfs de schavelingen door bloemwol te vervangen. De kooplieden verzekeren dat de eieren, die hun op die wijze toekomen, min verliezen van hun aangenamen smaak en veel langer bewaren.

De kisten, waarin eieren liggen, hebben altijd een onaangenamen reuk; de bakken met plantenwol gevuld, zijn integendeel reukloos, hetgeen niet weinig bijbrengt tot het bewaren der eieren. Daarenboven trekt het stroo de wakte aan, doet eene gisting ontstaan en ook bederving; van daar verwarming en een toestand zeer ongunstig voor de eieren.

Het kistje, waarin de eieren ingepakt zijn, zal men

in eene grootere plaatsen en de tusschenruimte met hooi opvullen. Toch, wanneer zij geene lange reis te doen hebben, zal ééne kist voldoende zijn, en men zal de eieren niet beter kunnen inpakken dan er een stuk papier rond te draaien en ze dan in hooi te leggen. Wel opletten van ze niet in het papier te rollen, want zoo doende zoudt gij misschien de vezeltjes doen springen, die den dooier zwevend houden. Men kan niet te voorzichtig zijn, want de kleinste oorzaken kunnen gewichtige gevolgen hebben!

NEGENDE HOOFDSTUK.

Het vetten der Hoenders.

VOLGENS Plinius hebben wij het gedacht van hoenderen te vetten, aan de inwoners van Delos te danken, een der Cyclade-eilanden. Honderd-en-zestig jaar vóór de geboorte van den Zaligmaker zien wij de Romeinen hunne hanen mesten met brood, dat op voorhand in melk was geweekt. Ten tijde van Cato, dus ook vóór de christene tijdrekening, gebruikte men reeds deegbollen, die men aan de hoenders, willen of niet, deed innemen.

Nu, twintig eeuwen later, hebben wij nog geene andere middelen om hoenderen kunstmatig te vetten; de hoenderfokkers volgen deze zelfde wijze, die sedert het begin weinig is veranderd.

Men gaat uit van deze grondwaarheid, dat de huisdieren, die geheel hunne vrijheid genieten en niet op eene bijzondere manier gevoed worden, nooit genoeg in hun vleesch zullen zijn, en nooit dien fijnen smaak zullen hebben, weerdig van onze disschen. De ondervinding leert dat de vetste dieren het fijnste en meest malsche vleesch hebben.

Er zijn hoendertelers die voorschrijven van de dieren, die men wel vetten wil, niet te veel eten ineens voor te zetten, maar weinig in eenen keer en dikwijls. Want zij, die snelst en meest eten, vetten de beste niet, daar de spijsvertering voor hen te moeilijk is en te lang duurt; geheel anders is het met de dieren die weinig voedsel ineens nemen, het wel knauwen, en dikwijls naar nieuwe spijs verlangen.

Dat is ook waar voor de hoenders, zeggen zij, en men heeft ongelijk van hun te willen de oogen uitsteken, aan berdelkens nagelen of de vleugelen verdraaien. Het lijden, dat men hun aandoet, heeft het groot nadeel van een beletsel tot het mesten te zijn, en dit op ongelooflijke wijze te vertragen.

Hetzelfde, beweren sommigen, moet gezegd worden van de wijze, waarop men het gevogelte met deeg mest. Zij willen het voordeel er niet van bekennen, en houden staan dat het niet in evenredigheid is met de ongemakken, welke men alzoo aan de arme dieren doet uitstaan.

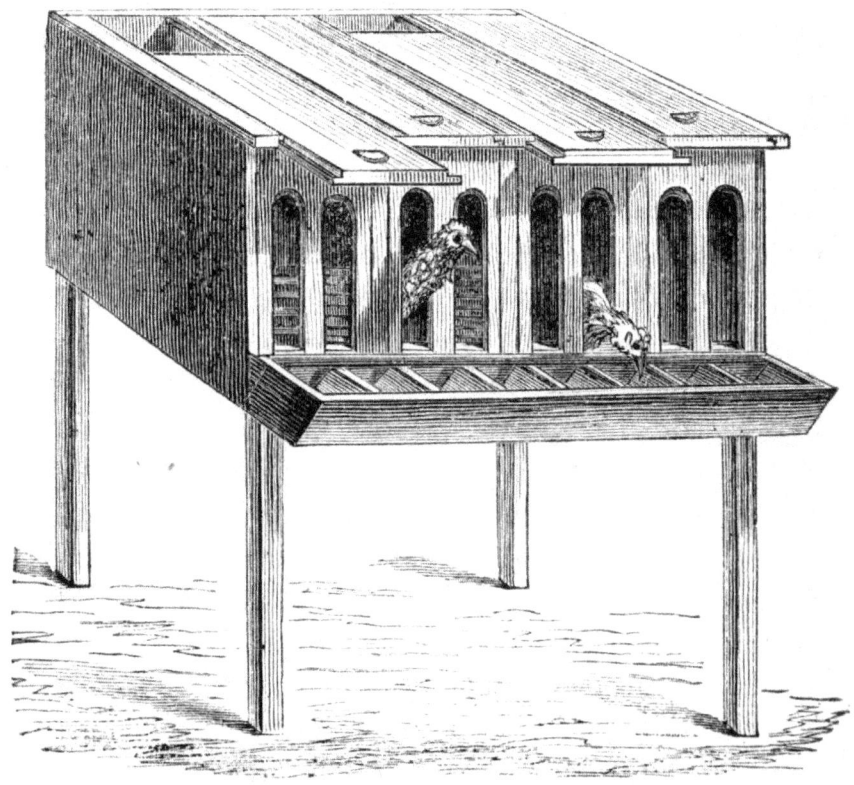

Hok om hoenderen vet te mesten.

Het hok met smalle afdeelingen, waarin de hoenders kort zitten zal altijd de kroon spannen voor het vetten der hoenders.

Het is wel waar, het dier kan hier bijkans niet in verroeren, en met moeite steekt het den kop door de nauwe opening; maar nergens zal men het beter vet krijgen. Zie hiervoren de afbeelding van dat vettekot.

Voor iedere afdeeling van het hok zijn twee openingen, waardoor het hoender uit een zinken bak kan eten en drinken. Die bak is dus dubbel, het eene deel dient voor 't drinkwater, het ander voor het deegmeel; hij heeft het groot voordeel van na iederen maaltijd zonder moeite gezuiverd te kunnen worden. Netheid en helder water zijn twee vereischten om in korten tijd vet en smakelijk vleesch te maken.

Het vettekot moet in eene plaats gesteld worden waarin de warmtegraad regelmatig dezelfde is, van vijftien tot achttien centigraden. Onjuist is het, te beweren dat deze plaats niet klaar mag zijn; een halfdonker vertrek met regelmatige hitte verwarmd is toch te verkiezen. De nabijheid van het neerhof is niet goed, de vogelen zijn niet gerust genoeg en behoeven de grootste stilte.

Is men volstrekt tegen het hok, er bestaat een ander middel om de hoenders te vetten, te weten ze te stoppen bij middel van eenen trechter in caoutchouc of veerkrachtige gom. Doch niets overtreft de eerst aangeduide doenwijze.

Trechter om het gevogelte met propdeeg te mesten.

Het hoender mag in het vettekot niet toegelaten worden zoo lang de spieren niet geheel en gansch ontwikkeld zijn, want in dit geval verdwijnt het voedsel, dat tot het vetten zou moeten dienen, in het vormen van het vleesch. Wanneer men bij middel van stikstofhoudend voedsel er in gelukt is de spieren in korten tijd te ontwikkelen, dan zal men het vet langzamerhand laten indringen met bij de gewone spijs eene altijd vermeerderende hoeveelheid te doen van voedingstof, waarin suiker, meel en vette stoffen in overvloed zijn. Alzoo zullen « Mechelsche koekoeks », die gedurende vier of vijf maanden wel verzorgd geweest zijn, na dien korten tijd reeds mogen opgezet worden.

Gewoonlijk geeft men aan de hoenders, die gevet worden, overvloedig voedsel, hetwelk bestaat uit boekweit en gekookte Turksche tarwe, en wel tweemaal daags gedurende de vijf eerste dagen. Daarna driemaal daags, op gestelde uren, eenen deeg samengekneed en gemaakt van boekweit, Turksche tarwe en haver; ofwel geerste in weite of afgeroomde melk geweekt, een weinig gezouten en daags te voren bereid, omdat het tijd zou hebben van te gisten en alzoo gemakkelijker te verteren. De drie of vier laatste dagen vermengt men de deegballen met vijftig grammen gesmolten varkensvet, ten einde het mesten te voleindigen. Twintig dagen zijn er noodig tot het vetten van het gevogelte; maar in geheel dien tijd mag men het geene aardappelen geven.

Er zijn wel hoenders die op drie maanden tijd gereed zijn voor het vettekot. Een van vijf maanden oud, nadat het twee maanden gevet is, moet een flink gewicht hebben en eenen omvang die niet gering is.

De jong gemeste kippen zullen in den Mans nooit op tafel verschijnen tenzij na zes of zeven maanden wel gekweekt en twee maanden gevet geweest te zijn. Dit gebruik is nochtans niet goed te keuren, want het is veel voordeeliger kiekens te vetten, die maar drie of vier manden oud zijn. Vooreerst loopt men min gevaar van ze te verliezen, aangezien men ze min langer moet kweeken; daarenboven is de winst dezelfde, aangezien men er meer in denzelfden tijd beurtelings kan opzetten, en wat niet te misprijzen is, zij verkoopen gemakkelijker daar zij op de markt meer gevraagd worden. Groote gemeste kippen dienen immers aan iedereen niet, en alle beurzen kunnen er niet tegen.

Sommige hoenderkweekers zien er op om hunne vogelen te vetten, maar indien zij zich die moeite getroostten zouden zij overtuigd zijn dat het een middel is om geld te winnen. Jonge wel aangekweekte kippen, als zij drie maanden oud zijn, zouden omtrent twee frank kunnen gelden. Vet ze twintig dagen, hetgeen u ten hoogste voor voedsel en onderhoud een frank per stuk kan kosten, zij zullen van twee tot drie kilogrammen wegen en gij zult ze gemakkelijk voor vier tot vijf frank kunnen verkoopen. Er is dus omtrent twee frank winst, hetgeen toch de moeite waard is.

TIENDE HOOFDSTUK

Het kruisen der hoenderrassen en het uitkiezen der beste hoenders.

ER bestaat maar ééne gedragslijn voor het uitkiezen der rassen, het is van de beste voortbrengende dieren uit te steken, deze die op de eigenaardigste wijze al de kenmerkende hoedanigheden bezitten van de gewenschte orië.

Men moet wel weten, dat niettegenstaande de groote zorgen, waarmede men zijne hoenderen opkweekt, zij mettertijd verbasteren en wederkeeren tot de oorspronkelijke orië. Het eenigste middel om dat kwaad te voorkomen is van het bloed van tijd tot tijd te vernieuwen door hoenderen op het neerhof te brengen van hetzelfde ras, maar niet van denzelfden stam. Een ware hoenderfokker zal nooit dieren van hetzelfde bloed onder elkander brikkelen, maar hij zal altijd zoeken het bloed af te wisselen. Het is ook het eenigst middel om iets volmaakt te bekomen, zoo wel voor hetgeen de kleur der pluimen als de lichaamsgesteldheid aangaat.

De ondervinding leert dat, in het algemeen, bij het kruisen der dieren, het wijfje de gedaante van het lichaam geeft, maar dat men het manneke zal wedervinden in de kleur en den aard van geheel het dier.

Hennen van meer dan drie jaar verdienen den naam niet meer van voortbrengende hoenderen; alzoo ook een haan, die meer dan twee jaar en half telt, is ongeschikt tot de goede voortteling. Die vogelen zal men niet behouden, maar integendeel in hunne plaats prachtige jonge dieren doen komen en er voort uit kweeken.

ELFDE HOOFDSTUK.

Nevenvoortbrengselen.

Guano. — Pluimen.

De hoenders geven ons niet alleenlijk hunne eieren en hun vleesch, maar ook hunne pluimen. Daarenboven is voor den landbouw dat gevogelte ook een groote schat, daar het een mest verschaft, dat niet genoeg kan gewaardeerd worden.

De « Gazette Agricole » kent een Franschen landbouwer, die schat dat een haan of eene hen geen vijf of zes kilogrammen mest geven, gelijk eenige kenners het beweren; maar wel honderd vier-en-twintig kilogrammen, en hij bewijst zijn gezegde.

Hij sloot in een hennenhok, waarvan de grond met eene wel gewogen aschlaag bedekt werd, eenen haan en zes hennen van het Dorkingras. Na vier-en-twintig uren heeft hij de asch, gemengd met de uitwerpsels, opnieuw gewogen, en na aftrek van het gewicht der asch vond hij de ongelooflijke hoeveelheid meststof, welke wij hierboven aanwezen.

Degenen die zouden moeite hebben om dit aan te nemen, moeten wel weten dat een hoender jaarlijks honderd-en-negentig kilogrammen voeder verbruikt.

Indien wij nu een gedacht willen hebben van

de weerde van het kippenmest, zullen wij de lijsten van D' Wolf, den welbekenden Duitschen landbouwkundige, raadplegen. Die tabellen, waarop alles zoo methodisch is gerangschikt, leeren ons dat honderd kilogrammen versche hoenderenmest bevatten :

Water	65,00 kilogr.
Organische stoffen . .	25,50 »
Asch	8,23 »
Stikstof	1,68 »
Potasch	0,86 »
Kalk	2,40 »
Magnesium	0,74 »
Phosphorzuur	1,51 »
Zwavelzuur	0,45 »
Kiezelzuur	0,35 »

Indien men den grond van het hoenderkot met turf of eikenschors bestrooit, zal men gemakkelijk iederen morgen de guano kunnen opnemen, en alzoo eene meststof bijeen vergaderen, die voor geene andere, zelfs niet voor die van Peru, moet onderdoen.

Eene enkele bemerking toch; indien deze krachtige vette zeer geschikt is tot het mesten der moeskruiden en ook van alle krachtig opwassende en vroegrijpe gewassen, moet men nochtans zorgen van ze met potasch aan te vullen, anders zijn de planten aan 't neêrvallen blootgesteld.

En nu een woord over de pluimen. Zij zijn van drie soorten; de eerste zijn die van sedert lang gestorven of gedoode vogels; de tweede van onlangs gestorvene, en de derde van levende dieren.

De eerste kunnen maar dienen tot het bemesten der akkers en zijn een zeer gezocht mest. Men bemerkt bijzonderlijk de kracht er van aan den voet der houtachtige gewassen, der muurboomen en der wijngaarden.

Die van de twee laatste soorten worden gewasschen, gedroogd en uitgetierd. Men maakt er bedden, hoofd- en voetkussens van. Ook worden zij verkocht aan de modewinkels, voor de hoeden der dames, alsmede om tot kunstbloemen verveerdigd te worden.

Indien men dit alles wel nagaat, mag men wel vragen of er wel een vogel in de wereld is, zoo nuttig als het hoender?

TWAALFDE HOOFDSTUK.

Bouw van 't hoenderlichaam.

ER wij spreken van de ziekten en kwalen, waar de hoenders nu en dan van aangedaan worden, is het noodig hun lichaam en de verschillige deelen er van, wat beter te kennen. Onderzoeken wij dus het samenstel der beenderen, het spier- en zenuwstelsel, de zintuigen, de werktuigen der ademhaling, de bloedomvoerende organen, het verteringstoestel en de geslachtswerktuigen.

De beenderen dienen om de bijzonderste levensleiders te beschutten en aan de spieren macht- en steunpunten te verzekeren. Bij het hoen, gelijk bij de bijzonderste dieren, zijn de voornaamste deelen van het geraamte : de kop en het ruggebeen, door den Schepper bestemd om de verzamelplaatsen der zenuwen te bevatten en te beveiligen. Andere beenderen geven aan de borst, den buik en het onderste deel van den romp hunne gedaanten; andere eindelijk maken met verschillige te zamen één lid uit : die verschillige deelen passen in elkander en zijn tot onderscheidene bewerkingen ingericht.

— 102 —

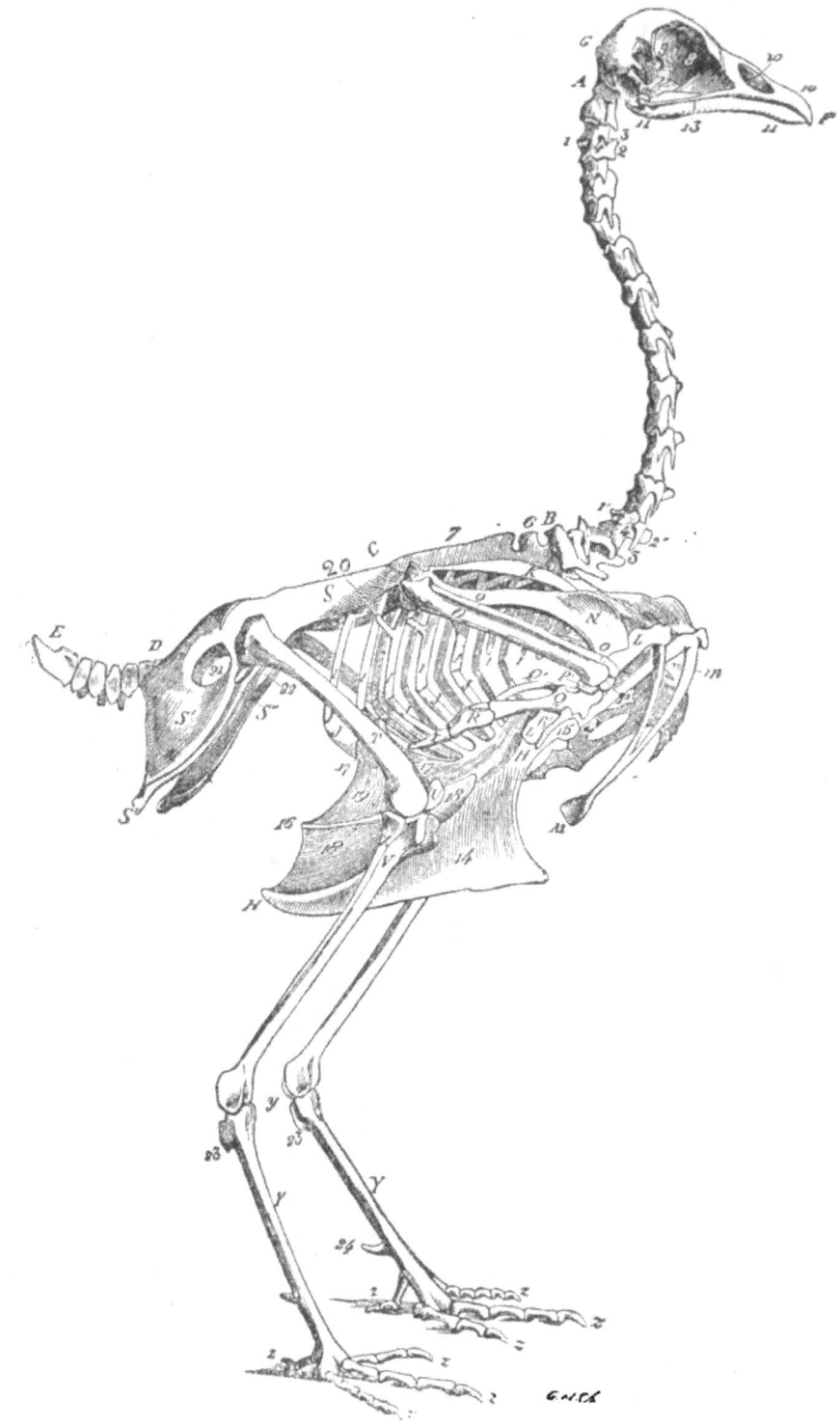

Geraamte van eenen haan.
(Volgens de *Anatomie comparée des animaux domestiques*. Paris 1870.)

Daar het moeilijk is die verschillende deelen te beschrijven zonder ze onder het oog te brengen, hebben wij de volgende platen doen verveerdigen; zij dragen alle eene letter of een getal en zullen dus gemakkelijk gevonden worden.

De kop (F, G) bestaat uit twee deelen : de schedel of hersenpan, en het gelaat of aangezicht.

De schedel is de beenholte, waarin de hersenen vervat zijn. De naden, die de verschillige beenderen er van bijeenvoegen, kan men geheel wel bemerken op het bekkeneel van kiekskens; zij verdwijnen nochtans geheel en gansch met de jaren.

Het gelaat of aangezicht is het voorste gedeelte van den kop. Wij tellen er vijf verschillige beenen, te weten : de kakebeenen (11), het been tusschen de kakebeenen (10), het neusbeen, het tusschenschedelbeen (12), het jukbeen of been aan het voorhoofd onder het oog (13), en het beentje dat de ooggaten scheidt en bij de hoenders zeer dun is. Van de neusgaten behoeft men niet te spreken : zij zijn zienlijk genoeg (10'), even als de overgroote ooggaten, maar wij willen den eenigsten gewrichtsknokkel doen bemerken, juist vóor de achterhoofdsopening, en waardoor het hoofd der vogelen veel beweegbaarder is dan dat der andere dieren.

Wij zijn zeker dat het hier vreemd voorkomt, te willen spreken van het aangezicht der vogelen. De mensch alleen heeft een aangezicht : hij alleen is schoon door de trekken van zijn gelaat; hij alleen draagt op zijn voorhoofd het merk van zijne overgroote weerdigheid. Het aangezicht maakt geheel zijnen persoon, en daardoor, meer dan door iets anders, verschilt hij van al andere stervelingen. De dieren zijn moeilijk ieder in zijne soort te onderscheiden; de mensch, geschapen voor de samenleving, moest bijzondere kenteekens dragen en van alle gelijken verschillig zijn. Er is dus aangezicht en aangezicht, en gelijk wij het in het begin zegden, wij verstaan door het aangezicht der hoenders alleenlijk het voorste gedeelte van den kop.

Na den kop hebben wij het ruggebeen, dat geheel en gansch bestaat uit de samenvoeging van de wervelbeenen. Het zijn holle en gelede beenderen, die wel op ringen, trekken en eene buis uitmaken, welke het ruggemerg bevat. De wervels, waaruit het samengesteld is, dragen, naar gelang hunner plaats, den naam van hals-, rug-, lende-, heiligbeen- en steertwervelen.

De halswervels (A, B) bewegen zich met ongelooflijk gemak, de eene boven de andere. Om wel het gemaaksel ervan te doen verstaan, zijn de derde en twaalfde halswervel volgens hunne verschillige deelen aangeteekend. Alzoo onder merktal 1 staat het beenuitwas of het stekelig beenuitsteksel; onder n^r 2 de onderste kam, en onder n^r 3 het stijlsgewijs dwarsuitsteksel. Onder 1', 2', 3', hebben wij dezelfde deelen van het twaalfde halswervelbeen.

De rugwervelen (B, C) volgen nu. Onder N° 6 hebben wij het beenuitsteksel van den eersten rugwervel en onder N° 7 den kam, gevormd door de samenvoeging der andere beenuitsteksels.

De lende- of heiligbeenwervelen zijn onbeweegbaar en vast de eene aan de andere.

De steertwervelen (D, E) zijn bij de vogelen veel meer dan bij de andere dieren ontwikkeld; het laatste, dat de groote steertpennen draagt, is eene groote driehoekige en beenachtige vlakte.

De ribben zijn dunne en breede gebogen beenderen, die dienen om borst en longen te beschermen; zij zijn met de ruggraat vereenigd en schijnen uit de wervelen voort te komen om te zamen te eindigen aan het borstbeen.

Het borstbeen (H) is als een groote beukelaar langs onder aan de borst geplaatst. Het draagt eenen sterken breeden kam, die den bijzonderen naam verworven heeft van « *Brechet* » of benedendeel van 't borstbeen. Onder N° 15 is een beenuitwas van 't borstbeen, en onder N° 16 een beenuitsteksel zijwaarts gezien.

Het klein beentje of gaffeltje (M) tusschen de vlerken, eigen aan de vogelen, is hoefsgewijs al achter en al boven met het kropbeen verbonden.

De schouderbladeren (K) zijn er, maar het is al dat gij ze zien kunt.

Het kropbeen is lang en sterk. Al binnen ligt het vast aan het gaffeltje, omhoog aan het schouderblad en langs nog eenen anderen kant aan het borstbeen.

Door armbeenderen verstaan wij die der vleugelen; de ellepijp is zeer ontwikkeld, maar het spaakbeen, dat eenen halven cirkel om de ellepijp maakt, is zeer zwak.

Het achterdeel der hoenderen is vierderlei: de bil (T), het been (X-V), de voetwortel (Y) of derde voetlid, dat onmiddellijk op het been volgt en de klauwen (Z). Het kuitbeen of kleine beenpijp (X) is vast aan het scheenbeen (V) of voorste deel des beens. De voetwortel is een lang been, waaraan de klauwen vast zijn.

De spieren zijn de vleezige trekkers, waarmede de beenderen van de zoogdieren en vogelen omkleed zijn en waarmede zij bewogen worden; maar buiten dat bijzonder vleezig deel hebben zij nog eene vliezige uitbreiding of pees.

De spieren zijn de werktuigen der beweging : hunne bijzonderste werkzaamheid is de verschillige deelen van 't lichaam in werking te brengen. Wanneer de spier in beweging is, trekken de vezels, waaruit hij bestaat, in, en worden korter; de deelen, die in verband zijn met de spieren, worden medegetrokken en alzoo verplaatst. De spier neemt hare eerste gedaante terug door de verslapping der vezels. Die afwisselende beweging der spieren geschiedt met ongelooflijke snelheid en juistheid. Alles is beweging in den geregelden gang van 't lichaam; de bloedomloop, zoo wel als de spijsvertering, de ademhaling zoo wel als het schreeuwen of spreken, alles vraagt de werking der spieren.

Het zal ons dus niet verwonderen te zien dat bij den vogel de borstspieren meest ontwikkeld zijn; het zijn zij immers, die de vleugelen in beweging brengen Na de borstspieren zijn de spieren van keit en been de bijzonderste; deze van den rug zijn minder, de huidspieren aan den hals nog al wel, maar die van 't gelaat geheel onvolledig.

Het vermogen, waardoor een wezen de buitenwereld gewaar wordt, noemt men gemeenlijk den zin, en wanneer er van gesproken wordt bezigt men doorgaans het woord *zintuig* : het zintuig van het gezicht, het gehoor, den reuk, het gevoel en den smaak. Behalve die zintuigen heeft het dier van den Schepper nog eene ingeschapene aandrift bekomen om die te geleiden. Daarom zijn zij in betrekking gesteld door gevoel- of zenuwstrengen met een of meer werkingspunten (hersenen, zenuwknoopen), om de uitwendige gewaarwordingen te ontvangen en aan de verschillige leden van het lichaam de besluiten van het instinct over te zetten, en alzoo eigene veiligheid te verzekeren.

De dieren zijn niet alle even gelijk vatbaar voor die gewaarwordingen. Het gevoel, de grondslag van het dierlijk leven, het eerste dat aan het dier de gewaarwording van zijn eigen bestaan geeft, is het algemeenst en aan geen enkel geweigerd. Te oordeelen nochtans naar hun vel, zoo rijk aan zenuwen, moeten de vogelen hiervan het best bedeeld zijn.

De smaak, die een inniger tastvermogen is, onontbeerlijk om de gezonde spijs uit te kiezen en de verderfelijke te verwerpen, schijnt noodzakelijk aan het leven van het dier. De korte tong der hoenders dient hun hier wonder goed, alhoewel er zijn die beweren dat bij die vogelen dat zintuig min gevoelig is dan bij de overige dieren.

Het gezicht is bijna aan alle gegeven. Bij ieder slag van wezens is het min of meer volmaakt, volgens het leven dat het hier op aarde leiden moet. De vogelen hebben zeker het scherpste gezicht en die weldaad der natuur, aan dieren gegeven, die zich hoog en ver kunnen verheffen, is hun eene groote weldaad. Het is genoeg het oog van het hoender te aanschouwen om dat kunstwerk zonder weerga te bewonderen; diep is het niet gelijk dit van den arend, maar het draagt wijd genoeg opdat de klok in tijds den stekvogel zou zien aankomen en door haren angstkreet hare kiekens onder hare vleugelen roepen.

Hebt gij nog op het oor der vogelen gelet? De oorschelp is er niet, en de opening van de gehoorbuis staat al achter, aanzijds het hoofd; zij is niet lang en geheel vliesachtig. Het trommelvlies is schier ter hoogte van het hoofd en de eigenlijke trommel is tamelijk groot. Er is maar één hammertje of beentje in de trommelholte; het is veelvlakkig en vervangt het aanbeeld en den stijbeugel, twee andere beentjes, die men gemeenlijk in het oor vindt.

Min dan bij de zoogdieren is de reukzin ontwikkeld. De neus steekt niet vooruit en is bijkans niet te vinden; de neusholten zijn klein. Op het bovenste kaakbeen, aan het einde van den bek, zijn de neusgaten (10') geplaatst.

Nu van de werktuigen der ademhaling en van de bloedomvoerende organen gesproken.

De longen, twee in getal, zijn in de borstholte geplaatst en dienen tot ademhaling. Zij zijn vast aan de zijden en bij de vogelen komen zij veel lager dan bij de zoogdieren. De ingeademde lucht vervult niet alleenlijk de longen, maar ook nog de luchtzakken die er mede in rechtstreeksch verband zijn. Van uit die lichaamsholten stijgt de lucht door geheel het lichaam tot in de groote beenderen, waarin opzettelijk eene luchtkamer uitgespaard is, in plaats van het mergkanaal der zoogdieren.

De luchtpijp voert de versche lucht naar de longen en verwijdert van daar de koolzure lucht. Zij is van beenachtige ringen gemaakt, te zamen door vliezen verbonden en heeft twee strottenhoofden, het een van boven, het ander van onder. Het laatste is schier driehoekig en bevindt zich aan 't einde van het tongbeen. De stemsnaren zijn met zenuwtepels bedekt en de boorden er van met een week, gevleeschd vlies voorzien, 'dat geheel de opening van de stemspleet kan belemmeren. Het keellelletje ontbreekt.

Het onderste strottenhoofd staat aan de splitsing der luchtpijp en is eigenlijk slechts eene uitzetting der eerste longen; wanneer de lucht de boorden er van trillen doet, worden de geluiden voortgebracht. Langs elken kant van het onderste strottenhoofd zijn van een tot vijf spieren, die door hunne samentrekking de ruimte van het strottenhoofd kunnen vermeerderen of verminderen.

De longen dienen niet alleenlijk tot de ademhaling, maar ook tot de bloedzuivering. Zij immers veranderen het aderlijk in slagaderlijk bloed. Het eerste, door den longslagader in de longen gevoerd, staat aan de lucht, die de luchtblaasjes bevatten, zijne overmaat van koolwaterstof af, en neemt er zuurstof naar evenredigheid. Door die dubbele werking verliest het aderbloed zijne zwarte kleur en door in slagaderlijk bloed te veranderen wordt het rozerood van kleur. Nu dat het dienen kan om het lichaam te voeden en te verwarmen, wordt dat slagaderlijk bloed door de longaderen weder tot het hart gebracht, om eindelijk zijnen loop te vervolgen.

Het hart is de bron van 't leven, door zijne beurtelingsche opening en sluiting laat het het bloed uit de aderen binnen, of stoot het door de slagaderen uit. Het heeft vier holten : twee ooren of holle aanhangsels aan het uiteinde en twee kamers. Langs iederen kant van het hart is eene long en op beide zijden van den punt een van de twee lobben van den lever.

Daar de vogels geen middelrif hebben, of dat middelschot, waardoor de borst van de ingewanden des onderbuiks afgescheiden wordt, bestaat er ook boven de buikholten niet de minste scheiding.

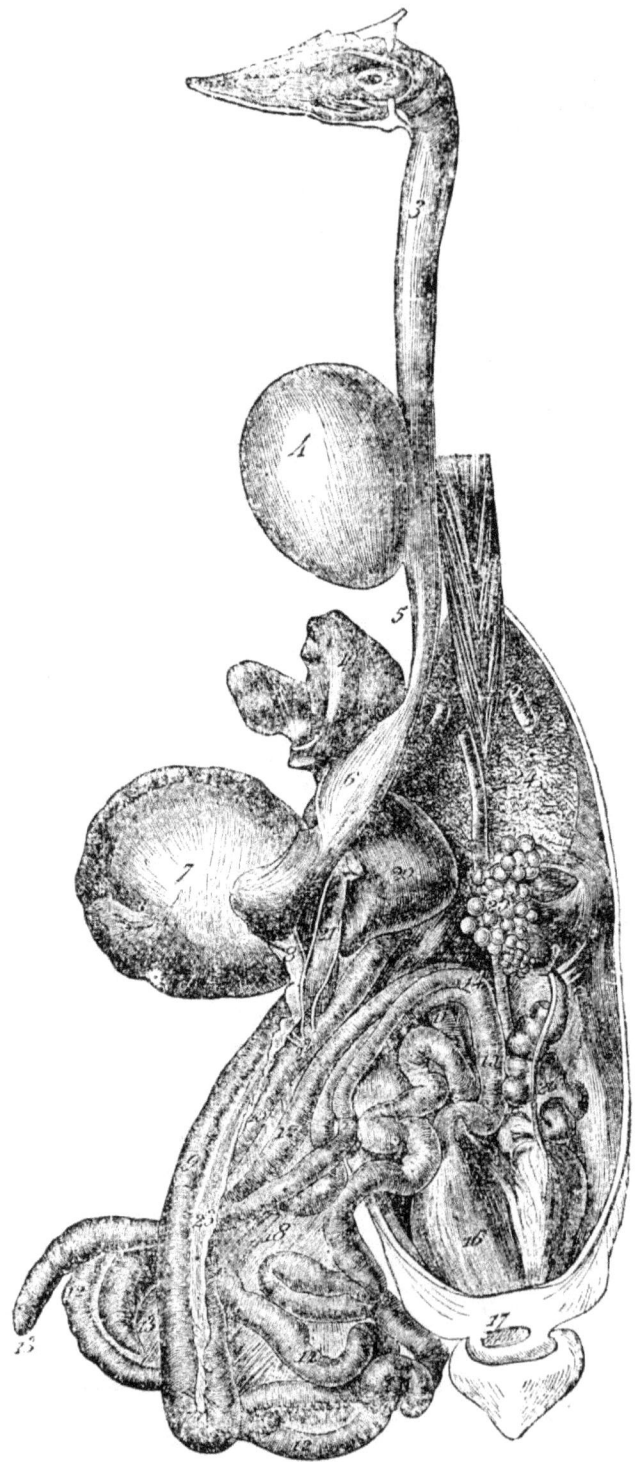

Voedingstoestel der hen.
(Volgens de teekeningen van Chaveau en Arloing.)

De natuurlijke verrichting, waardoor 't maagsap bij de dieren in de eigene zelfstandigheid van 't bewerktuigd wezen overgaat, in een woord de voeding, blijft voor de wetenschap nog altijd een geheim.

Het voedingstoestel is zeer kunstig samengesteld en de deelen, bij de voeding werkzaam, zijn in groot getal. De vogelen hebben geene tanden om hun voedsel te malen en het vermengsel van de spijzen met het voedsel gebeurt in den mond niet.

Hierbij hebben wij eene teekening gevoegd, die het voedingstoestel van de hen voorstelt. De tong (1) en de achtermond (2) zijn gemakkelijk om kennen.

De slokdarm (3, 5) is de buis, langs waar de voedingstoffen, na in den mond vermalen te zijn geworden, neerzinken om ontbonden te worden en, geheel veranderd, in de bestanddeelen des lichaams over te gaan. Door samendrukkende bewegingen duwt hij de spijsbrok voort, die door eigene zwaarte niet naar beneden zou getrokken worden.

De krop (4) is de eerste maag der graanetende vogelen, waar de korrels, eer zij in de maag komen, geweekt worden; dan hebt gij eene tweede maag (6), eene uitzetting van den slokdarm bij alle vogelen; de wanden er van zijn rijk in afscheidingsklieren en dunner dan deze van de eigenlijk gezegde of derde maag (7). Het is bijzonderlijk in deze laatste maag dat de voedingstoffen de groote verandering ondergaan; zij worden daar verbrijzeld en gemalen, beter dan onder de sterkste tanden. Bij de plantetende vogelen is die maag sterk gespierd en al binnen met een vlies bekleed. Dit laatste, hard, vol rimpels en plooien, werkt in 't vermalen van voedsel juist gelijk een rasper, werking die vergemakkelijkt wordt door de steentjes en zandkorrelen door de vogelen zonder ophouden opgepikt.

Een ander deel der voedingsbuis is de twaalfvingerige darm (8); hij volgt de maag onmiddellijk, en is zijn naam aan zijne lengte verschuldigd, die van twaalf vingerbreedten is bij den mensch. Hij heeft de gedaante van eene onregelmatige halve maan (9, 10), waarvan de uitwendige kromming recht is, achter en onder den lever; de holte is links.

De darmen worden verdeeld in dunne en dikke. Onder n° 11 ziet gij het hangende deel van den dunnen darm, onder n° 12, het einde er van met de twee blinde darmen, die deel maken van den dikken darm. Het einde van de blinde darmen is aan n^r 13.

De endeldarm (15) is het einde van den dikken darm, die in betrekking is met de stuit (16), door den eindmond (17) of aars.

Onder n^r 18 is aangeteekend het deel, dat Bilderdijk in de *Ziekte der Geleerden*, v. 194, darmscheil heet :

.... doet het vocht door milt en darmscheil bruizen :

dit woord, dat hier voor de eerste maal voorkomt, zegt David in zijne aanteekeningen, wordt door Weiland, in zijn Kunstwoordenboek, *darmscheel* geschreven, minder wel nochtans ; want het is niet anders dan de samentrekking van *darmscheidsel*, in 't Latijn *Mesenterium*, zijnde een vlies waardoor de verschillende deelen van het gedarmte op hunne plaats gehouden worden, en dat de noodige vaten behelst om de ingewanden te voeden. Kramers verklaart het als een verlengsel van 't buitenvlies, dat de dunne darmen tusschen zijne platen insluit.

De lever is het deel, waardoor de gal uit het bloed wordt afgescheiden ; onder n^r 19 hebt gij de linker lobbe, onder n^r 20 de rechte of groote lobbe ervan, onder n^r 21 de galblaas, uitloopende in de galbuis. N^r 22 vertoont het vereenigspunt van alvleesch- en galbuizen, de twee alvleeschkanalen zijn de voorste, en het galkanaal is in 't midden.

De alvleeschklier (23), is eene klier, schrijft David in zijne aanteekeningen op de *Ziekte der geleerden*, die de ouden meenden samengesteld te zijn uit enkel vleesch, en er daarom dien naam eraan gaven. De werking van den *pancreas* was tot dus verre niet goed gekend, en er wordt, gelijk almede over die der *milt*, veel getwist. Daarom zong Bilderdijk, *Ziekte der geleerden*, 11-47 :

'k Vrage u de werking niet van milt of alvleeschklier.

Claude Bernard, in een opstel, door de Fransche Academie van Wetenschappen in 1850 bekroond, heeft bewezen dat het vocht door de alvleeschklier afgescheiden, bijzonderlijk dient tot de ontbinding van het vet der spijzen, en in 't algemeen van alle vette stoffen.

Nummers 25 en 26 verbeelden de geslachtswerktuigen : het eerste de eierstok, doch uitgedroogd; het tweede het eierkanaal.

Het orgaan, waarin het ei zich ontwikkelt, gelijkt niet slecht aan eenen druiventros en is geplaatst bij de nieren. Het bestaat uit samengepakte kleine ronde lichaampjes van verschillige grootte; zij zijn er bij honderden en waarlijk ontelbaar.

. Het eierkanaal of de eierleider is lang en aanzienlijk. Het heeft twee openingen : eene in de stuit-, eene andere in de buikholte.

Ziedaar dus de verschillende deelen van het hoenderlichaam ; het zal ons nu gemakkelijker zijn er naar te verzenden in het spreken van de ziekten en ongemakken, die de hoenderen kunnen aantasten.

DERTIENDE HOOFDSTUK

Hulp in ziekte en ongevallen.

DE ziekten der hoenderen zijn, langen tijd, de bekommernis der geleerden niet weerdig geweest en de veeartsenijkunde had iets gewichtigers aan de hand dan zich met zulke beuzelingen op te houden.

Wanneer eene ziekte op de vogelen van 't neerhof valt, roept men aanstonds dat zij besmettelijk is. Zij heeft er inderdaad den schijn van, maar niet anders. Aangezien het gevogelte op dezelfde wijze en met dezelfde spijs gevoed wordt, is het niet te verwonderen dat het ten grooten deele van dezelfde ziekte is aangedaan. Onderzoek wel de oorzaak der kwaal, en gij zult vinden dat zij zeer dikwijls in uwe nalatigheid en uwe onachtzaamheid ligt; dat de ziekte teweeg gebracht is door voedsel, hetwelk de dieren niet dient, of ook wel misschien door het feit dat gij veel te veel vogelen in eene al te kleine plaats wilt opsluiten en gij ze onophoudelijk vergeet door bedorvene lucht.

De samenhooping is de bijzonderste bron van 't kwaad en het bewijs er van is dat de hoenders, die eenen vrijen loop hebben, geheel zelden van al die kwalen zijn aangedaan. Ook op de hofsteden is dit zelden het geval, tenware in een te gering hennenhok. Zeker heerscht er meer sterfte bij liefhebbers, die gedwongen zijn een groot getal hennen in een klein beluik op te sluiten.

Koude en natte, hitte en vorst zijn ook schadelijk aan de hoenders. De hanen zijn gevoeliger aan de koude dan de hennen; zij lijden 's winters aan de pooten, en hebben soms ook hunnen kam vervrozen. In den zomer zijn de zonneslagen ook doodelijk voor de hoenders. Eene wijkplaats met droog zand of assche bestrooid, beschut tegen regen en wind, koude en vorst, is dus geheel en gansch onontbeerlijk.

Eerst dus moet men zorgen de ziekten te voorkomen; kan men ze niet ontwijken, dan getracht ze te genezen.

Onder de hoofding : *Pip*, schrijft « *Hofstede en Landhuys* » het volgende : « tegen Sprou, zoo wascht men hen den bek, met *Oly*, daer in geweyk heeft een bolleken *Loock*, ende men geeft se te eten, onder haer eten *Stasfagre*, ende om de kuyckens daer af te bewaren, zoo stelt men die op een sifte daar men *vitsen* oft *Lolium* mede gesift heeft, ende men beroocken se met *Poley, Orego, Hysoop,* ende *Vlas*, houdende over den rook, het hooft van de Henne, met den bek open; ende ten laatsten, om geheel te genesen, soo doet men den beck open, ende men treckt hen de tonge sachtelick uijtwaerts, dan trekt men met de *Nagels* van boven af nederwaerts het *wit* dat men daer op siet leggen, ende als 't afgenomen is. sonder de tonge te quetsen, soo wrijft men de tonge met wat *speeksel* oft *azijn*, oft men strijkt se met gestooten *Loock*. »

Inderdaad Sheridan zelf, over honderd jaar, bepaalde de *Pipi* of *Pepeie* « een vloed, waaraan het gevogelte lijdt; een velletje aan het uiteinde van de tong »; voorts verklaarde hij dat de vloed « de ettering was van een vocht ».

Het volk denkt dat de pepeie eene ziekte is die de opperhuid van de tong verdroogt, verdikt en doet ineenkrimpen, en alzoo dat lid belet zijne natuurlijke werkzaamheden te verrichten.

Eene ziekte is het niet, maar het teeken er van of aanwijzing, zooals eene vuile tong bij den mensch geene ziekte is, maar eene ontsteltenis van de gezondheid aanduidt. Dat kan beteekenen dat de vogel aan de maag lijdt, of aan de longen, of ook aan een ander deel van 't lichaam.

Eene hen, die de pepeie heeft, is gekwollen door onnatuurlijke vliezen, die de werktuigen der ademhaling belemmeren. Deze zijn voortgebracht door stofvormende wateren, die stollen, min of meer vast worden, aankleven en de gedaante aannemen van eene witte of licht grijze ondoorschijnende laag.

Eerst wordt men ze op de tong gewaar, daarna komen zij tot in de keel, verstoppen de werktuigen der ademhaling, en eindelijk versmachten zij het dier In dien staat kan het hoender noch eten, noch drinken; zijne pluimen staan recht, de bek blijft open, de ademhaling is uitnemend lastig en men zou denken dat het verworgd wordt. Ook zal het dit niet lang kunnen uithouden : het moet noodzakelijk verstikken.

Van zoo haast men hiervan iets gewaar wordt, moet men aanstonds den bek en de keel onderzoeken. Indien men gemakkelijk de vliezen kan wegnemen, is de genezing zeker, op voorwaarde nochtans dat men het voorbeeld niet navolge van sommige lieden, die met eene speld het kraakbeentje aftrekken, dat op het uiteinde der tong geheel natuurlijk zijne plaats en niet het minst in de ziekte zijnen oorsprong heeft. Alzoo te werk gaan is het hoender dooden, want de gescheurde tong zal het in de onmogelijkheid stellen van te eten of te drinken.

Hetgeen er behoeft gedaan te worden is de tong bestrijken met oliesuiker of glycerine, en wanneer de schubvormige stof zal beginnen af te schuiven, ze trachten zoetjes geheel en gansch af te nemen, en er dan weer oliesuiker op leggen. Vooral onderzoeke men of de verstoptheid van de opening der neusgaten niet voortkomt van die dikke lossing slijm, eigen aan verkoudheid of valling, aan roupie of drupneus, of aan eene zieke luchtpijp. Het hoender is genoodzaakt langs den bek adem te halen en houdt dien altijd open. Het kan ook wel zijn dat het een stuk in den krop heeft, dat de maag ziek, of dat het van andere kwalen aangedaan is; daarom, wees voorzichtig en ga niet onbescheiden te werk.

Er zijn hoenderen, die van ongedierte vergaan. Ongelukkiglijk is het de schuld van den mensch, die op die dierenplagers geen acht geeft. Men moet wel weten dat het bijten van de hoenderluis zoo smertelijk is, dat de hen hare eieren zal verlaten, indien men haar niet zuivert. Het is wel waar dat wij hier voor geen bloedzuigers staan, doch de beul van onze hoenders heeft ook sterke en bijtende kaakbeenen en doet zijne slachtoffers niet min lijden.

Men raadt aan tegen die plaagdieren het hoenderkot te wasschen, de muren en den vloer te bestrijken met 2 kilogrammen zwavelzuurkoper en 2 kilogrammen gebluschte kalk in dertig liters water, dit alles opgelost in kokend water.

Den hennen en hanen moet men een stofbad bereiden met zand, fijne asch, sulferbloem en insectendoodend poeder. Indien de kwaal te groot is, zal men ze bespuiten aan het uitkomen der pluimen met een sterk aftreksel van « Rucordinaire ».

In den buiten, wanneer het begint te vriezen, bestrijkt men den kam met lijnzaadolie. Men zegt er ook dat het goed is, van zoohaast men gewaar wordt dat de kam vervrozen is, dien met sneeuw te wrijven.

Wij hebben hooren vertellen dat een landbouwer, die eenen haan had wiens kam en lellen half vervrozen waren, die eerst wreef met petrool en dan met vaseline. Zijn redmiddel had de beste gevolgen, doch de haan verloor den boord zijner lellen en twee of drie bekskens van zijnen kam!

Hennen, die eieren leggen zonder schaal, zijn misschien niet ziek, maar toch niet gelijk zij moeten zijn.

De eierstok bevat de kiem, die bij de leghen dooier wordt, en een voor een, naarmate de vorming in het eierkanaal valt, waar de wording voltooid wordt. Daar komt het wit er rond, en daarna ook een licht vlies; eindelijk ook, wanneer het ei de opening nadert, de schaal, welke alles omvat. Eene hen die geene kalkachtige stoffen vindt of geene ontvangt in haar dagelijksch eten, zal die schaal niet kunnen maken, daar deze bijkans geheel en gansch uit koolzure kalk is samengesteld.

Eieren zonder schaal kunnen niet verkocht worden, en zijn daarenboven maar goed om de hennen te leeren hunne eigene eieren opeten. De hoenderenmelker moet dus alles doen, wat hij kan, om dit tegen te werken.

Het is bijzonderlijk in de steden eh daar waar men de hennen opsluit, dat eieren zonder doppen gelegd worden. In den buiten, waar het gevogelte den vrijen loop heeft en alles vindt, wat het behoeft, is dit zelden of nooit het geval.

Indien dus het ei, de schaal uitgenomen, geheel en gansch volmaakt is, ontbreekt er aan uwe hoenders niets anders dan afval van metselaars-specie : stukken oude mortel, of oesterschelpen en andere kalkachtige stoffen.

Er kunnen nochtans andere oorzaken zijn : het deel van het eierenkanaal, waarin de doppen gevormd worden, kan ontsteld zijn; alzoo, wanneer het wit of de dooier zonder vlies te voorschijn komen, zou men kunnen ziekte veronderstellen van het geheele orgaan of van zijne innigste plaatsen.

Het kan ook zijn dat een jonge haan de hennen niet genoegzaam met rust laat. Ten gevolge van dezen ongerusten toestand legt de hen somwijlen haar ei, eer het volmaakt is. Dit gebeurt ook aan hennen, die te vet zijn.

In de twee laatste gevallen is het niet moeilijk een hulpmiddel te vinden. In het eerste geval moet men het leggen doen stoppen en daarom geeft men een of twee keeren, met eenen dag er tusschen, een grein kalomel met het twaalfde van een grein braakwijnsteen, gemengd in wat geerstebloem en tot ballekens verkneed. De hen zal gedurende eenige dagen geene eieren leggen; rust zal haar gegeven worden en de genezing zal volgen.

De hoenders lijden somwijlen geweldig aan eene schrikkelijke pootenplaag. Om dies wille dat de pooten zoo dik worden door een afschilferend sap, dat de bovenhuid laat doorzijpelen, hebben sommigen die kwaal vergeleken aan de bombeenen van menschen, die van *Elephantiasis* weten. Doch dat is geheel en gansch mis.

De ware oorzaak van het zwellen en afschilferen der pooten is een woekerdiertje, een huidwormpje, dat niet veel verschilt van het diertje hetwelk het schurft bij den mensch te wege brengt. Indien er niet gauw voor gezorgd wordt, verdikken de pooten door de opeenhooping van korsten en het dier kwijnt en sterft.

In 1860 gaf de heer Reynal, thans leeraar van geneeskundig onderwijs in Alfort's school, twee hoenders van die ziekte aangedaan ten onderzoeke aan de heeren Lanquetin en Ch. Robin. Die geleerden vonden er een woekerdiertje van eene onbekende soort; de heer Ch. Robin beschreef het en gaf het den naam van *Sarcoptes mutans*. De *Sarcoptes* is het diertje van de krauwte of schurft, dus kon er geen twijfel meer bestaan omtrent de ziekte, waarvan de hoenderen aangedaan waren.

Beschut door de breede schubben, begint het woekerdier het voorste van het derde voetlid en het bovenste der klauwen te ondermijnen, en het is vooral op de gewrichtsverbindingen der klauwen en op het dikke lid van den voetwortel, dat de kwaal gemeenlijk aanvangt. Van daar breidt zij zich uit rondom den voetwortel en het kniegewricht, zonder hooger dan de pluimen der pooten op te klimmen, maar laat daarvoor niet, al de klauwen aan te tasten.

In het begin heffen de schubben zich op en hunne uiteinden blijven recht staan; daaronder komt eene witte, pleisterachtige stof van verscheidene lagen; de poot wordt knotselachtig, en schijnt van eenen rimpelachtigen dikken ring voorzien te zijn. De vogel gaat moeilijk, de knie wil niet meer buigen en de klauwen zijn stijf.

Wel is waar in de eerste dagen dat het hoender van die kwaal is aangedaan, ziet men er niets aan: het dier is vol leven, eet en drinkt gelijk naar gewoonte en schijnt vol gezondheid. Maar welhaast kan het niet meer slapen; men ziet het vermageren en ten laatste sterft het, uitgeput van krachten.

De ziekte nochtans gaat niet ras vooruit en er zijn dieren, die er vijf of zes maanden mede kwijnen.

De behandeling van deze pootenplaag is niet moeilijk. Men baadt de pooten eenige stonden in lauw water en de korsten weeken af. Indien dit laatste niet van zelfs gaat, maakt men de korsten voorzichtig los zonder het hoender te doen bloeden en men werpt ze aanstonds in het vuur. Na de pooten wel afgedroogd te hebben bedekt men ze met eene goede laag sulferzalf (Helmerich). Twee dagen daarna wascht men de zalf af met een goed zeepsop en het dier is genezen.

Doch men mag de hoenderen niet laten wederkeeren in hun hok, zonder dit wel gekuischt te hebben. Het beste is van het te wasschen met kokend water, zuiver of gemengd met zwavelkalk of potasch. (1)

---

(1) Volgens P. MEGRIN. — *L'Eleveur.*

Het gebeurt ook dat gij op het neêrhof hanen en hennen vindt, die waggelen op hunne beenen, die den kop laten hangen en krampachtig al de leden bewegen; soms ook vindt gij de leghen dood op haar nest. Dat valt meest voor aan dieren, die er gezondst uitschijnen, die te wel gevoed worden en te weinig loop hebben. Het zijn de vette en luie hoenderen, die er van aangedaan zijn; deze ook van levendige en prikkelbare groeze, die met brandigen kost opgekweekt worden, b. v. met te veel vleesch, broodkorsten, geweekte Turksche tarwe, erwten- of boonenmeel. Te veel specerij is ook zeer nadeelig, inzonderheid als zij te prikkelend en te scherp is.

De ziekte vindt haren oorsprong in het bloed, dat in overvloed naar het hoofd stijgt en alzoo een of meer aderen doet springen. Hennen, die veel moeite hebben om te leggen, door het geweld dat zij gebruiken, doen meer bloed naar het hoofd dringen dan de uitverdeelende aderen kunnen bevatten, en vinden alzoo de dood op het nest zelf.

Slechts zelden kan men, in zulke gevallen, zijne dieren helpen, want, indien men met het begin van den aanval er niet tegen opkomt, zal het dier dood zijn eer men het gewaar wordt, of van zelfs tot betering komen, volgens de beroerte min of meer gevaarlijk was.

Een goed hulpmiddel is eenen ader van den hals of onder den vleugel openen, hetgeen men doet met in de lengte en niet in de breedte eene snede te geven. Eene dwarsneê zou de wanden der aderen vanéén scheiden, en men zou ze niet meer kunnen vereenigen. Na die bloedlating zal men het dier genezen met het geheel en gansch in rust te laten, ver van de andere hoenderen, het lichte spijs te geven en veel groente. Het is ook goed, het eenen koffielepel ricinusolie in te geven.

Ontsteking der maag, het is te zeggen der voormaag, gelegen tusschen den krop en de derde maag, die voor werking heeft het maagsap af te scheiden, dat het voedsel ontbindt en het in de deelen van het lichaam zendt. Die ziekte vindt haren oorsprong ook in te veel prikkelende spijzen, en bijzonderlijk in 't voeden met krakels of stukjes vlies van gesmolten vet.

Men wordt gewaar dat de hoenderen aan die ziekte lijden wanneer zij hunnen eetlust verliezen, moedeloos worden, vermageren en gedurig door den dorst worden gekwollen.

Om ze er van te genezen geef hun wel gebakken brood of rijst. In het drinkwater menge men wat potasch-chloraal.

De kammen der hoenderen worden somwijlen heel wit en schubvormig, schijnende een sponsachtig uitwas te zijn. Dat is toe te schrijven aan slecht voedsel en ook aan de vuile en slecht verlichte plaatsen, waar de dieren verblijven. Wanneer het lang duurt verliezen zij ook de pluimen van den kop.

Hoenders, die met den bek wijd open loopen, veel geweld moeten doen om adem te halen, zonder ophouden niezen en schijnen altijd iets te willen inzwelgen, zijn geplaagd door een wormpje, dat in den luchtader nestelt, en dit somwijlen in zoo groot getal, dat geheel die luchtader ervan vervuld is.

Men neme eene pen en doe de veertjes af, die aan de schacht zijn, tot eenen halven duim van net bovenste, en met die te doen draaien in den ademader doet men de wormen verhuizen en kan men ze wegnemen. Er zijn er, die het bovenste van de pen met olie bevochtigen; het is geheel overbodig, aangezien het ongedierte eer aan de droge dan aan de vetgemaakte pen zal kleven.

Anderen nog doopen de pen in terpentijn, die door de warmte van den luchtader vluchtig wordt en de wormen doodt. Ongelukkiglijk doodt dit ook de hoenders.

Er zijn weer anderen, die de pen in eene ontbinding van zout of tabak steken. De groote moeilijkheid is de uitnemende voorzichtigheid, die men moet aanwenden om de pen in den luchtader te brengen. Indien dit te ruw gebeurt, kwetst men het dier en de dood is er het onvermijdelijk gevolg van.

TWEEDE BOEK

DE DUIVEN

EERSTE HOOFDSTUK.

De Duiven.

VELE lieden beweren dat de duiven schadelijke vogels zijn : ze schenden de daken van onze woningen met den mortel, die tusschen de dakpannen zit, los te maken, en brengen veel nadeel toe aan akkers en landouwen.

Wat het eerste aangaat, is het zeker en vast dat, zoo lang de mortel vasthoudt, er de duiven niet aan komen; maar eens dat hij los is en de natte er doorzijpelt, peutert de duif er waarlijk aan, doch men zou haar dank moeten weten van hem naar beneden te doen rollen, want zoo vermaant zij ons dat het tijd is den metselaar te roepen en de noodige herstellingen te doen.

Hebt gij nog de duiven op zaai- en oogstlanden aan het werk gezien? Zij wandelen gedurig weg en weder en pikken hier en daar een graantje op, dat boven op den akker ligt en nooit had kunnen kiemen. De zaaier immers, wanneer hij zijn zaad werpt, is aanstonds door de egge gevolgd, en het zaad is bijkans zoo gauw gedekt als in den grond geworpen.

Aan den oogst zullen zij ook niet veel kwaad verrichten, want dan komen de zanters, na het werkvolk; zij zamelen de vergeten koornaren in, maar kunnen zich niet bezig houden met de graantjes één voor één op te rapen. Deze blijven geheel dikwijls liggen voor de vogelen des hemels, totdat de landbouwer den ploeg door den akker voert, en al wat er nog is, met aarde bedekt.

Het is algemeen bewezen dat geerst, koorn en vlas best gedijen in de landen, die geheel het jaar en in 't bijzonder na den zaaitijd door de duiven bezocht zijn. Waar zij zouden kunnen eenig kwaad doen is op de koolzaadvelden, en dan nog maar gedurende den oogsttijd. Schade kan hun niet veel aangerekend worden, maar veel goed doen zij; het zijn immers deze nuttige vogelen, die veel slecht zaad van den akker doen verdwijnen.

Buiten het goed, dat zij aan onze velden doen, leveren de duiven eene allerbeste meststof en zijn zelven een allerfijnst en alleraangenaamst voedsel voor den mensch.

Vóór de Fransche omwenteling was het slechts aan de vermogende leenheeren, die het hooge rechtsgebied en eene zekere uitgestrektheid land in eigendom hadden, toegelaten op hun goed duifhuizen te houden : de andere mochten maar duivenkotten op pijlers doen maken, en nog moesten zij kunnen bewijzen dat zij een zeker getal gemeten lands rond hunne hofstede bebouwden.

Alzoo in de « *Costumen van de Casselrije van Iper*, Capittel XCVII. — Van Duifhuisen :

« Art. I. — Item dat niemandt voort-aan duyfhuysen houden sal, hy en hebbe veertich gemeten zayende land, op de boete van x pond par. tot dien, dat niemant vloghe van duyven houden moet, meer dan vier paren, op de boete van xx schell. par. ende de duyven verbeurt, alsoo dickwyls als men het bevint. »

Ook in de *Costumen van de stede ende de Casselrije van Cassel* :

« CLXVI. Niemant en houde vlogen van duyven boven de twaelf paren, ten sy op syn leen, groot alsoo wel in leene als in erfve twintich gemeten ófte meer, liggende d'een aen d'ander, ende elckerlick wort gehouden deselve te weeren naer uytroepinge, hier af gedaen in de kercke, op boete van x ponden. »

En in de *Ordonnantien Politique, gestatueert bij Heere ende wet 's Lands van den Vrye, om voortaen gheobserveert te worden binnen den voornoemden Lande, ende Appendants van dien, den 6 Meye 1628*:

« LXVI. Dat niemant eenighe duyf-huisen ofte vloghen en houde daer boven twaelf paer duyven in woonen, hy en sy gheërft met dertich gemeten landts, in deselve ofte in de naeste Prochie, op de boete van ses ponden parisis, d'een helft den Heere, ende d'ander helft den ambachte. »

De wet steunde ook op het verdeel ten aanzien van het land, om aan de edellieden alléén duiventorens te laten maken, die van op den grond met steenen voeten voorzien waren, en alleenlijk vluchten te laten houden door die, welke veel land bebouwden.

Het leenrecht werd met de Fransche omwenteling afgeschaft; de duiventorens werden overal geslecht en de vluchtende duiven bij duizenden gedood. Het is dan dat men gezien heeft hoe nuttig deze vogelen zijn en hoe de vermindering van hun getal eene schade zonder weêrga veroorzaakte aan de voedingsmiddelen van vele buitenlieden.

Wij vertalen hetgeen De Vitry hierover schrijft: « Op het oogenblik dat het besluit genomen werd de vluchtende duiven te vernietigen, waren er in Frankrijk twee-en-veertig duizend gemeenten, dus telde men twee-en-veertig duizend duiventorens. Ik weet, zegt de schrijver, dat er in de steden en in de gemeenten, die rond Parijs liggen, geen duivenkeeten waren, maar hetgeen ik ook weet, is dat men er te lande en in sommige gemeenten twee, drie, en dikwijls nog meer vond; en ik denk ver te zijn van alle overdrijving, met maar één duifhuis aan iedere gemeente toe te kennen.

« Er waren duivenkeeten, waar tot drie honderd duivenparen in nestelden; maar om alle tegenspraak te voorkomen, wil ik maar voor iederen duiventoren honderd duivenparen tellen, en maar twee legsels ieder jaar: het derde zal moeten dienen om de afgestorvene en de verdwenene te vervangen. Nu, honderd paar duiven zullen vier millioen twee honderd jonge paren voortbrengen, want ieder paar geeft elk jaar zonder moeite vier jongen, dit zal al te zamen zes millioen acht honderd duizend uitmaken.

« Ieder duivejong, na achttien of twintig dagen het nest verlaten te hebben, weegt, gepluimd en gekuischt, vier oncen. De twee-en-veertig duizend duivenhokken leveren dus vier-en-zestig millioen acht honderd oncen gezond goedkoop voedsel. Men heeft een duivejong voor tien centen weten verkoopen.

« Eindelijk, wanneer men vier-en-zestig millioen acht honderd oncen door zestien verdeelt, zal men vinden dat de Fransche omwentelaars het volk van vier millioen twee honderd pond vleesch beroofd hebben en dat het verbruik van de andere voedingstoffen in evenredigheid vermeerderde.

« Maar die vermindering van voedingsmiddelen was het eenigste verlies niet, dat wij leden door de vernieling der duivenhuizen. Het duivenmest ontbrak ook, een der kostelijkste vetten voor de landen, waarop men hennep wil kweeken, eene vrucht die in Frankrijk aan den prijs van het koren verkocht wordt. »

« De « Colombine » of duivenmest, voegt Brehme er bij, is een der beste voortbrengselen van de duivenkeet en een der krachtigste meststoffen, die wij ons kunnen verschaffen. Men gaat verre over zee om met groote onkosten de guano te gaan halen. Deze, nochtans, kan aan het duivenmest niet, want dit is krachtiger dan de beste guano en houdt drie-en-tachtig ten honderd stikstof in, terwijl, volgens Payen, gewoon dierenmest er maar vier bevat. Vijf honderd kilogrammen « Colombine » staan dus gelijk met tien duizend kilogrammen gewoon mest der hofsteden. Haar gemakkelijk vervoer maakt er eene bijzonder gewaardeerde vette van voor bergstreken, waar wagens zoo moeilijk doorrijden. »

Dus verre van een schadelijke vogel te zijn, is de duif den mensch allernuttigst. Men moest het hoofd verloren hebben, gelijk het Fransche volk van het einde der laatste eeuw, om aan de duiven dien slechten naam te geven, waarvan zij hedendaags bij eenige bevooroordeelde menschen nog het slachtoffer zijn. Ten anderen deelde de hooge overheid van ons land te dien tijde dat ongegrond vooroordeel niet. Alzoo berust er in de handvestkamer van Luik een stuk van 25 April 1761 dat het bovenstaande staaft. De inwoners van Gerpinnes hadden bij den Provincialen Raad eene klacht ingediend over de schade, die de duiven op de velden te weeg brachten. Maar die hooge vergadering vond dat men zonder reden kloeg, daar die vogelen maar de granen oppikten die boven op de akkers verloren liggen. Toch om de klagers eenigszins te vreden te stellen, zou zij er aan houden, dat niemand duiven kweekte, ten zij hij een zeker getal gemeten land bezat.

Sedert de afschaffing der voorrechten van de edelen mocht iedereen in Frankrijk, gelijk hier, duiven kweeken, op voorwaarde nochtans van ze op te sluiten ten tijde van het zaaien en het rijpen der granen. Gedurende dit tijdstip heeft iedereen het recht ze te dooden. Dat was geene verbetering, maar de veroordeeling der duivenrassen, zoo wel in België als in Frankrijk.

TWEEDE HOOFDSTUK

Onze Vlaamsche duiven.

ALHOEWEL de Fransche omwenteling die ongelukkige wetten tegen de duiven gestemd heeft, zijn deze gelukkiglijk toch niet geheel en gansch uit onze landen verdwenen.

Bij landbouwers en liefhebbers vinden wij eene ontelbare menigte van die lieve en tevens zoo nuttige vogelen; hier zijn het enkel *Velten*, verder *Smerlen*, ook *Kroppers*, *Pauwsteerten*, *Pagadetten*, *Kappers*, *Signors*, *Koters*, *Speelderkes*, *Hoogvliegers* of *Tuimelaars*.

De vogelkundigen, wanneer zij die verbazende verscheidenheid van grootte, van lichaamsgedaante, van kleuren enz. gadeslaan, vragen zich af of het mogelijk is dat zoovele wezens, in den schijn zoo verschillig van elkander, hunnen oorsprong in één en dezelfde orië vinden.

Velen willen de *Veldduif en Rotsduif* (fr. Biset. — L. Columba Livia) erkennen als het stamras van de *Velten* en andere bewoners onzer duivenhokken, natuurlijk uitgesloten de bijzondere prachtduiven, die liefhebbers in hunne vluchten kweeken. De duiven van onze landbouwers hebben dezelfde pluimen en dezelfde zeden als de wilde veld- en rotsduiven en verlaten somwijlen ook hunne woningen om wederom in het wilde te gaan leven.

De *Velten* onzer duivenwoonsten, zijn gelijk de veld- en rotsduiven, aschgrauw van kleur op den rug, blauwachtig op den buik, hebben den kop licht leikleurig, het onderste van den rug wit, de vleugelen met twee zwarte schreven doorstriept, de slagpennen aschkleurig en de lange steertvederen donkerblauw met zwarte uiteinden en witte zijden. Hun oog is sulfer-geel, het uiteinde van den bek zwart en het begin er van lichtblauw; hunne pooten zijn donker purperrood. Er is weinig verschil tusschen de mannekes en de wijfjes.

Iedere streek heeft zijne *Velten;* de *Kempische* zijn bijzonder geprezen.

Sedert eenige jaren wil men van geene andere duif meer weten dan van de reisduif, en niet alleen de *Velten* zijn te gemeen geworden, maar ook al de andere soorten. Wij verstaan geheel gemakkelijk al het belang dat men stelt in onze postduiven, maar er kunnen ook redenen zijn om de andere duivenrassen te bevoordeeligen.

Het ras der *Belgische postduiven* is, zegt men, het eerste der wereld, maar in zijn belang zelf is het noodig de meeste zorg te dragen voor de verschillende andere oriën, want het is door onophoudend en velerhande brikkelen, dat onze duivenmelkers die kunstige, kloeke en zoo snelle duif hebben gewonnen.

Zij hadden in de *Velte*, in de *Smerle*, in den *Hoogvlieger* de hoedanigheden gevonden die de postduif volstrekt bezitten moest : de verkleefdheid aan hare woonst, de snelheid in de vlucht, de sterkte en kracht van spieren, en eindelijk de schoonheid en fraaiheid van vormen. Verder gaven de *Kortbek*, de *Tuimelaar* en de *Engelsche Bek* aan hunne vogelen, door het mengen van het verschillige bloed, hetgeen hun nog miste om er het puik der postduiven van te maken. Ook al de duivenhokken van Europa's verschillige legers zijn met onze rassen bezet.

Het is aan iedereen bekend dat Frankrijk, Italië, Duitschland, Rusland en Oostenrijk door duiven berichten overzenden; Frankrijk en Duitschland in het bijzonder hebben gemaakt dat al hunne versterkte plaatsen op die wijze met elkander brieven kunnen wisselen.

De heer Laperre-De Roo, in zijn prachtig boek « *Over de duiven* » (1) schrijft dat « de *Postduif* uit verscheidene kruisingen is voortgesproten en dat voorzeker van de *Perzische postduif* al de Belgische reizigers-duiven afstammen.

« Het is uit Bagdad dat de *Perzische duif* in België werd gebracht door Hollandsche zeelieden, die dit duivenras *Bagadetten* noemden, naar den naam der stad, vanwaar het afkomstig was. »

De Bo, in zijn *Westvlaamsch Idioticon* (2), noemt die duiven Pagadèt(te), *Pauwedette* v. Soort van duif zegt hij, met bruine vlerken en eenen witten hals met bruinen karkant.

« In België, voegt de heer Laperre er bij, is de *Perzische duif* eerst gekruist geworden met den *Hoogvlieger* of *Tuimelaar*, waarvan er verscheidene rassen zijn. De eerste kruising heeft eene duif voortgebracht, die men in Engeland *Dragonder* noemt.

---

(1) Thielt, D. Minnaert, en Gent, A. Siffer.
(2) Gent, A. Siffer.

« De *Dragonder* is later gekruist geworden met de *Krawatduif* (Lobbe of frulle), die haren naam ontleent aan eenige reken pluimen, die zij bij wijze vau fruljes op de borst draagt.

« Het is uit deze tweede kruising dat de *Belgische postduif* gesproten is, de wereld door befaamd, en die door al de gouvernementen gezocht wordt om in geval van oorlog tijdingen over te dragen.

« Nu hebben wij te doen met twee verschillende rassen van postduiven; ik zal het eene ras *'Luiksche duif*, het andere *Antwerpsche duif* noemen. »

Tot hier de heer La Perre, die het eens is met de andere vogelkundigen om in de *Belgische postduif* eenen brikkelaar te erkennen. Hieruit is af te leiden dat de andere rassen ook hunne goede hoedanigheden bezitten, en dat het in ons belang is, die mede aan te kweeken.

Bij de verschillende oriën, waarvan hierboven spraak is, zouden wij nog kunnen voegen : de *Pauwètte*, ook *Pauwsteert* genaamd. De steert van dit lief duitje is geheel eigenaardig en heeft iets ongemeens. Het steertbeen der duiven is kort en zet zich voort met pluimen gewoonlijk twaalf in getal, maar bij de *Pauwsteert* zijn er somwijlen tot dertig, ja soms vier-en-dertig. Die steert, die in de vlucht van de vogelen zoo dienstig schijnt te zijn, is voor haar een waar beletsel. *Pauwsteerten* zijn maar klein van gestalte; er zijn er van alle kleur, doch de meeste zijn wit.

Nevens die kleine duif zullen wij den grooten *Kropper* stellen, die zijnen krop zoo aardig kan uitzetten en er eenen grooten bol van maken. De *Kropper* of *Kropduif* wordt in 't Fransch le *Boulant* genoemd.

Een ander slag van groote duiven zijn de *Koters*, gekend om hunne vruchtbaarheid en vermenigvuldiging. De *Koters*, zegt De Bo, zijn zoo groot als poeljen. Een soort van *Koters* met kousen, dat is met pluimen aan de teenen, noemt men *Signors*.

De *Signors*, schrijft de heer L. van der Snickt (1), waren vroeger geheel gemeen, maar nu schijnen zij gansch verdwenen te zijn. Het zijn groote duiven, geheel wit van kleur; maar met eenen zwarten steert. Hunne eigenaardigheid bestaat in het vliegen in dichte gesloten benden en in hunne vlucht uren lang groote kringen te maken. Zij hebben ook den naam groote en goede jongen voort te brengen.

Bij vele liefhebbers zijn wij geweest, voegt de Schrijver erbij, om eenig nieuws aangaande de *Signors* te vernemen. Meest allen zeggen dat zij sedert twintig jaren geene meer gezien hebben; één enkele heeft, tien jaar geleden, er eenen aangetroffen. Maar een duivenras verdwijnt toch niet gelijk de sneeuw voor de zon, en het is onmogelijk dat er hier of daar geene meer zouden te vinden zijn. Is er niet een oud spreekwoord dat luidt : *wanneer er geen meer zijn, dan zijn er toch nog ?*

Den naam van *Signor*, aan de Antwerpenaren eigen, heeft die duif waarschijnlijk ontvangen omdat zij denkelijk in de *Scheldestad* veel gekweekt werd, tenware dat de wijze, waarop zij pronkt, of de kunstjes die zij verricht en die ons aan 't oude *Op Signorken*, doen denken, haar dien naam hadden verworven.

Naast die groote duif gaan wij nu weer een klein duifje plaatsen, en wel de *Capucien*, die Aldrovandus de *Kapper* noemt; in 't Latijn heet het *Columba Cucullata* en de Engelschen geven het den naam van *Jacobine pigeon*. Het draagt op den kop eene soort van kap van rechtstaande pluimen.

---

(1) *Chasse et Pêche* n° 16, XIIIme année.

Nu zouden wij moeten spreken van den roem onzer Vlaamsche duiven: de *Ringslagers* en de *Speelderkes*, maar wij hebben liever er breedvoerig over te handelen in een bijzonder hoofdstuk.

DERDE HOOFDSTUK.

Ringslagers en speelderkes.

ONZE tijdgenooten hebben zonder twijfel een uitnemenden aanleg on de verouderde dingen weder voor den dag te halen. Men zou zeggen dat alles, waarover onze eeuw sedert lang zoo pronkte, nu iedereen tegensteekt, en dat men om de oververzadigheid te genezen van het vervelend zien der dingen, die ons sedert jaren omringen, men kost wat kost iets nieuws wil vinden in het ontgraven van al wat ouderwetsch is.

In de laatste wereldtentoonstelling te Antwerpen waren het de wonderbare uitvindingen niet onzer XIXe eeuw, die den meesten bijval hebben verworven, maar het « Oude Antwerpen » met zijne oude straten, oude huizen, oude gevels, oude herbergen, oude winkels, ja met zijne oudachtige inwoners. is er spraak in de toekomende feesten eene oude Vlaamsche hofstede tot stand te brengen, met hare kloeke Vlaamsche paarden, met haar oud geacht Vlaamsch vee, met haar wel gekend Vlaamsch en zoo winstgevend neêrhof. Dit tot stand brengen ware niet alleen de nieuwsgierigheid onzer eeuw voldoen, maar tevens iets nuttigs stichten.

Van onze oude Vlaamsche kiekenrassen hebben

wij reeds een woord gezegd en men heeft kunnen zien welken dienst men den landbouw zou bewijzen, konde men ze overal in onze hofsteden wederom inbrengen en die nieuwerwetsche vreemde en ongelukkige hanen en hennen voor goed er uit verbannen.

Voor de duiven is dit niet min waar en met de oude rassen de duivenhokken bevolken, ware eene goudmijn openen, die de landbouwer sedert zoovele jaren te zijner groote schade onwinstgevend heeft laten liggen. De « *Oude liedjes zijn de beste* », dat spreekwoord is mondsgemeen in Vlaanderen; en wel ten onrechte wordt den akkerman dikwijls verweten te veel aan den ouden slenter te houden. Hoe is het dus mogelijk dat hij op zijn neêrhof die Spaansche en Italiaansche hennen gelaten heeft, die niets anders medegebracht hebben dan ziekten, welke wij eertijds niet kenden? Waarom niet alleen het kieken- maar ook het duivenhok beter verzorgd en hier ook getracht de oude Vlaamsche duiven te bewaren?

Waar vindt gij nog de groote *Ringslagers* en het prachtig *Speelderke* ?

Vijftig jaren vroeger was de *Ringslager* op elke hofstede van het land van Aalst; maar sedert heeft men dat ras verwaarloosd : men heeft de duiven er van laten kruisen met *Kroppers* en *Vellen*, en nu is het bijna onbekend; bij eenige liefhebbers alleen zult gij nog den oorspronkelijken *Ringslager* vinden, de duif van een van onze oudste en beste inlandsche oriën.

De *Ringslagers* zijn rood, blauw, zeemkleurig, witgrijs of zwart. De eenen hebben kousen of pluimen aan de pooten, de anderen niet; deze laatsten hebben de pooten glad of effen, en rood van verwe.

De *Ringslagers* hebben de vleugelen, den buik en den staart wit, uitgenomen de witgrijze, de blauwe en de zwarte, die den steert van dezelfde kleur hebben gelijk de vlerken. Deze laatste zijn bij alle gestriept, doch bij de roode, de zeemkleurige en de witte zijn die striepen bijna onzichtbaar. Op hunnen kop staat eene kuif of kobbe en op de borst dragen zij eene witte wassende maan; het oog is geluw of bloedrood.

Ringslagers.

De *Ringslager* is zoo groot als onze inlandsche kropduif, maar is wat dikker en korter op zijne pooten. Hij is kloek gespierd en uitnemend tot de voortteling geschikt. Ieder jaar geeft hij zeven of acht koppels jongen, waarvan het vleesch fijner is en malscher dan dit van den kropper, ja zelfs van de reisduif. Geen vogel die met meer zorg zijne jongen opbrengt en meer zelfvergetenheid en moed aan den dag legt. Hij ontziet zich niet zijn gebroedsel met bek en vleugelslagen tegen katten fel te verdedigen.

Nuttiger en aangenamer duif is er niet. Hoe aardig slaat de duiver met zijne wieken en hoe kunstig

trekt hij in 't vliegen groote kringen rond zijn wijfje!
Zoo fel, zoo dapper en zoo geweldig is dat vleugelengekletter dat, bij het naderen van den muittijd, hem niets anders overblijft dan de bloote schachten der slagvederen, zonder de minste baarden er aan. Nooit zal hij een dak afvliegen zonder ten minste twee- of driemaal met zijne vlerken te klapperen.

Dat eigenaardig vliegen in groote kringen heeft men te baat genomen om ook voor de *Ringslagers* prijskampen uit te schrijven en meer dan één duiver had vroeger zijne « *performances* » of lijst van eerlijke proeven met groote onderscheiding onderstaan.

Op den kampdag zaten de toeschouwers in eene groote ronde, en in het midden van hen liet men de duivin loopen. Zoohaast de duiver losgelaten was, vloog hij op en men telde de kringen die hij al vliegend maakte : immers wie meest kringen trok, was overwinnaar.

De zuivere orië der *Ringslagers* is meer te herkennen aan de levendigheid dier duiven dan aan hun fraai gemaaksel en schoone bonte kleuren. Ook in tentoonstellingen, waar men de vogelen in kleine keviën opsluit, wordt hun bijkans nooit recht gedaan.

Het *Speelderke*, dat ook *Tuimelaar* en *Hoogvlieger* genoemd wordt, is, evenals de *Ringslager*, van een bijzonder ras.

Speelderkes, Hoogvliegers, Tuimelaars, in 't Fr. *Pigeon culbutant*, in 't Latijn *Columba Gyratrix*, hebben hunnen naam niet gestolen, maar dien met recht verworven door hunne hooge vlucht, door de drie of vier tuimelperten die zij in 't nederdalen maken, juist gelijk een koordedanser, wanneer hij zijne halsbrekende sprongen verricht.

Het *Speelderke* is een bijzonder ras en klein van gestalte; het heeft op weinig na de grootte en 't gemaaksel van de *Smerle*, bezit gelijk deze een zwart oog, maar doorzaaid met roode tikkeltjes en omringd met een rood randje. Het heeft eene kobbe of kuif op den kop en in den nek lange pluimen, die hem tot op den rug hangen. Deze is plat, blauw van kleur met witte vlekken.

Speelderkes.

Het verschil van den *Ringslager*, die groot en lang is en geteekend met wit op het bovenste van de borst, den hals, de stuit, den steert en de dijen. Het *Speelderke* integendeel is kort en klein, en boven de teekens van den *Ringslager* heeft het de kobbe, het hert en den rug wit en de schouderstukken blauw. Het trekt in 't begin van 't vliegen groote kringen langs den eenen kant, werpt zich dan achterover en herbegint langs den anderen kant.

Het nauwkeurig gadeslaan van de *Speelderkes*, die een slag van « *Wentelduiven* » zijn, en volgens alle waarschijnlijkheid een veel ouder ras dan dit der *Ringslagers*, bracht den heer Van der Snickt tot het besluit, dat het een Oostersch ras was.

Twee Engelsche schrijvers deelen ons eenige bijzonderheden mede nopens de *Oostersche Tuimelaars;* het zijn de heeren Tegetmeyer en Ludlow.

Tegetmeyer spreekt van een wonderbaar ras van *Tumblers* of *Tuimelaars* dat in Indië te huis is en waaraan hij den naam geeft van « *Loutan* » of « *Lotan* ». Uit eigen beweging wentelen die vogelen niet. Om ze die werking te doen verrichten, neemt men hunnen hals tusschen twee vingeren, geeft men ze eene lichte schudding en plaatst ze dan weder op den grond. Nu rollen zij zich zonder ophouden.

Er wordt ook verteld dat er aldaar eene soort van duiven zijn, die maar tuimelen, nadat zij met den vinger een tikje op het hoofd hebben gekregen.

Tegetmeyer doet bemerken, dat die verschillige buitengewone bewegingen in eene ongemeene prikkelbaarheid der zenuwen hunnen oorsprong vinden; hij vergelijkt ze aan het onvrijwillig en zenuwachtig beven van de *Pauwette*.

In dat onwillekeurig en geweldig wentelen moet er iets zijn dat trekt op de aanvallen der vallende ziekte. Ook kan men geheel wel bemerken met welke vrees de vogel zijne lichaamsoefeningen aanvangt, terwijl onze *Tuimelaars* integendeel in het wenden en draaien hunne tevredenheid te kennen geven.

In dat ras vindt men duiven van alle maaksel en alle kleur; het is zoo vermengd dat slechts zeldzaam de duivejongen van twee nesten op elkander gelijken.

Er zijn *Mottles* of bonte, *Rosewings* of rooskleurige vlerken, *Withesides* met witte zijden, *Saddles* of gezadelde (met de vlucht, de rug, en de dijen wit), *Grizzles* of grijze, en duiven van alle kleur, met effene of gevederde pooten.

Die duiven moeten breed zijn van schouder en borst, maar nauw van stuit en kort van rug.

Ludlow beschrijft de « *Oriental Roller* » of *Oostersche Tuimelaars*, zoo hij hen noemt. Deze opmerkenswaardige orië wordt in Turkije, Griekenland en Klein-Azia gekweekt; er zijn duiven onder van alle kleur en zelfs « almonds »; de schoonste zijn de zwarte, wier metalen glans zoo prachtig blinkt en waarop de witte bek zoo wel uitkomt.

Zij hebben den bek niet van de *Veldduij*, maar eenen rechten, nog al dik en sterk; hun voorhoofd is lang, maar niet hoog; de rug is ingevallen; hals en pooten zijn kort en het oog is gepereld. De vogel is smal, maar lang van lijf; zijn rug nochtans is kort en schijnt dieper dan hij is, omdat de duif altijd met opgeheven steert gaat.

Die steert heeft van veertien tot twee-en-twintig vederen, in twee pakken, de eene boven de andere geplaatst, en die zouden doen gelooven dat de staart in twee gesplitst is, omdat er tusschen die twee pluimbossen eene ruimte voorkomt. De klier, die de olie afscheidt en die gewoonlijk hare plaats boven den steert vindt, ontbreekt bij duiven van zuiver ras.

Een of twee paar van die duiven worden bij eene bende andere gehouden. De *Oostersche Tuimelaars*, wanneer zij met de overige uitgelaten worden, beginnen met op hun eigen wat te vliegen, maar eens dat hunne gezellen hoog de lucht in zijn, dan stijgen zij tot boven hen en beginnen hunne tuimelperten, altijd hooger en hooger vliegende, zij dalen welhaast en tuimelen dwars door de bende, maar het is om wederom op te varen en het eerste spel te herbeginnen. Het schijnt dat die duiven daartoe moeten afgericht worden.

Heeft ons *Speelderke* nu eene Oostersche afkomst? dat zullen wij niet zeggen, maar het gezegde van den heer van der Snickt zou toch wel kunnen gegrond zijn. Van waar het ook moge komen, het is een aardig duifje en met den *Ringslager* zal het ons vele diensten bewijzen.

Ringslagers en Speelderkes zijn niet zindelijk, wat den kost aangaat. Zij eten zoo wel graan als alle overschot van de keuken : wortels, aardappelen, groenten, oud geweekt brood, alles is goed.

Zij zijn nooit zonder jongen; elk koppel duiven zal ons ieder jaar ten minste een twintigtal duivejongen geven.

Het *Speelderke* met zijne effene gladde pootjes kan men niet missen, indien men het ras van den grooten *Ringslager* wil verbeteren. Die gedurige vermenging van twee verschillige oriën wordt door alle verstandige duivenmelkers gedaan; alzoo kruisen de liefhebbers den gelen, ranken, dik gevederden *kanarievogel* met de blonde, dikke duivin, wier pluimen verder van elkander staan.

Alzoo kregen wij onze hoenders. De kleine inlandsche werden met grootere uit Azia overgehaald om de zware Brusselsche kiekens voort te brengen. Onze voorouders kenden die handelwijze; het is aan hen dat wij onze beste rassen te danken hebben.

Zoo ook ging het met de duiven. Onze plicht is, het werk van vele jaren niet te laten te kwiste gaan, maar het nog, indien het kan zijn, te verbeteren.

De *Ringslager*, de eerste van onze duiven voor

de voortteling, is nu zeldzaam geworden; wij moeten hem opzoeken, verbeteren met nieuw bloed in te gieten, bij voorbeeld met hem te kruisen met den *Gentschen slager* om nog grootere vogelen te bekomen, om hem meer vleesch aan de borst te geven. Om zijn karakter levendiger te maken brikkelt hem met het *Speelderke.*

Het is ongelooflijk wat een duivelke van een duitje het *Speelderke* is. Ook had het eertijds den naam de andere duiven te betooveren, en nu zegt het volk dat het machtig genoeg is om alle duivenkoppen te doen draaien. Voorzichtig moet de liefhebber zijn die aan zijne blauwe postduiven houdt, want zijn er *Speelderkes* bij den gebuur, hun gevederte zal wellicht van kleur veranderen. Iets onverstaanbaars is in deze duif, die niet tevreden is met alle maanden haar koppel jongen te geven, maar het overschot van haren tijd gebruikt om de geburige duivenkeeten te bevolken.

Onze oude meesters in de schilderkunst waren ook duivenkenners, en indien zij ons eenige aanteekeningen hadden achtergelaten, wij zouden er misschien wondere zaken in vernemen. Otto Venius, Rubens' meester, schilderde die vogels wonder wel. Zoo zagen wij op eene schilderij van dezen meester, te Merchtem, een allerschoonste koppel *witte Ringslagers,* waarvan de duiver kringen maakt rond zijne duivin en boven het hoofd van eenen woudgod, die wijn schenkt. De duiven hebben roode lintjes aan de pooten en een gouden ring aan den hals. Wat hier ook te bemerken valt, is dat onze Vlaamsche schilders Vlaamsche duiven voorstelden. Het is dus nog eene les, ons gegeven, en die ons moet aanzetten onze oude oriën te behouden en aan te kweeken.

Vergeten wij het niet: die duivenrassen zijn gewoon aan ons land, aan onze levensgewoonten en het zijn de onze. Nieuwe rassen van den vreemde doen komen is dieren invoeren ongeschikt voor onze streken; het is overigens van den vreemde afhangen, en dat moet niet!

VIERDE HOOFDSTUK.

De Duivenwoonsten.

Duivenwoonsten vindt men van alle grootte en van allen aard. De eene zijn klein en vastgemaakt

Duiven- en kiekenhok.

aan gevels en woningen, de andere prijken te midden der hovingen op eenen staak; andere nog zijn gemetst van uit den grond en zijn door hun gemaaksel ware torens.

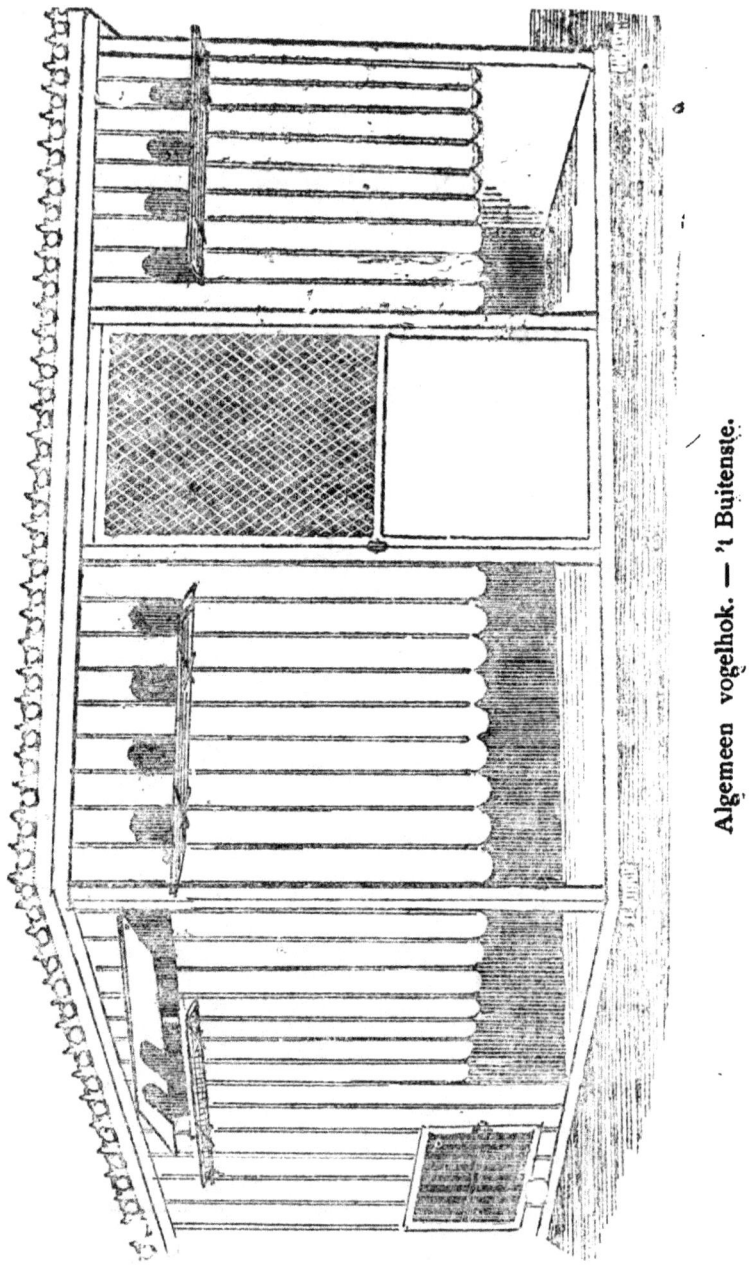

Algemeen vogelhok. — 't Buitenste.

De wijze van ze te maken hangt af van het eigen gedacht der liefhebbers of landbouwers. Dat de duivenkeet een toren of eene kooi zij, dat kan voor 't kweeken weinig schillen : ieder richt ze in zooals hij het verstaat, volgens zijne wijze van zien. Eén ding alleen moet men in 't oog houden : het is van te maken, dat katten en andere kwaaddoende dieren er geene schade komen aanbrengen.

De duivenwoonst kan met het kiekenhok één kot maken. Voor liefhebbers, die den grond moeten sparen, is dit niet te misprijzen.

Boven op het hok is eene vlakte, waarop de vogelen kunnen wandelen. Die wandeling is in zink, kan afgenomen en alzoo zeer gemakkelijk gekuischt worden. Met ze te bestrooien met droog zand zullen de dieren nooit natte pooten hebben. Zij helt een weinig over en heeft eene kleine goot, om het water af te laten vloeien en zoo altijd droog te blijven. Wij hebben toch iets gezien, dat beter was : Een kiekenhok, dat beneden schuilplaatsen bevat voor de dagen van slecht weder en felle zon, twee plaatsen voor konijnen en vóór de deur een vettekot voor een of twee hoenders.

Op het eerste verdiep, de slaap- en legstede der hennen, ingericht voor een veertigtal hoenders en verdeeld in verschillige vakken, de eene van de andere wel afgescheiden. Op het tweede verdiep, kotjes voor acht paar duiven. In het midden, eene kevie voor kleine vogels. Eindelijk in de plaats, die nog overblijft, zou eene geit of een hond kunnen vernachten.

Het algemeen vogelhok heeft eenen voorgevel van drie meters en eene diepte van eenen meter en half. Van voren is het twee meters hoog en van achter een meter tachtig centimeters. Met eene kleine verandering er aan toe te brengen, 't is te zeggen met het verblijf van de hoenders de helft te verminderen, zou men er eenen stal in kunnen hebben voor eene kleine Bretoensche koe.

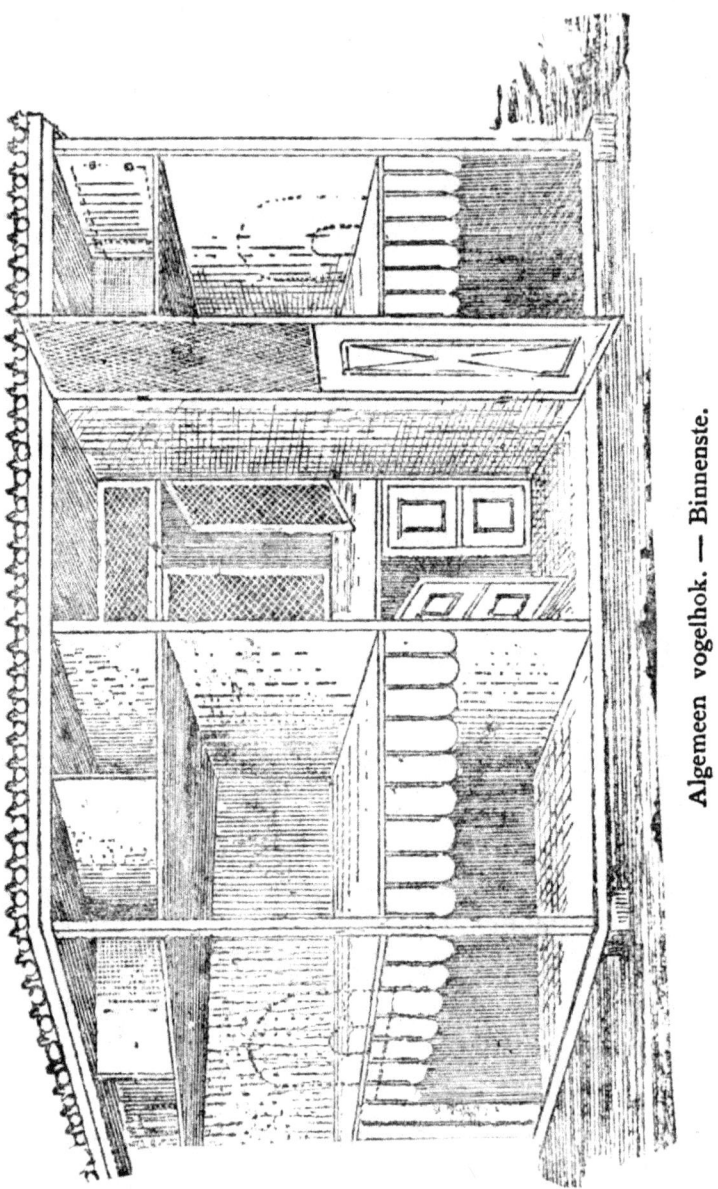

Algemeen vogelhok. — Binnenste.

Eene der beste en goedkoopste duivenkeeten zal nochtans altijd het duivenkasteel zijn, dat men aan den muur hangt. Men kan er verscheidene aan de muren rond het hof vasthechten; alle hebben twee deuren en zijn dus de volmaakste woonstede voor een paar duiven.

Op die wijze is er om binnen te geraken of om de plaats van het nest te kiezen noch twist, noch gevecht tusschen de duiven : ieder is gerust te zijnent en houdt zijn huis gelijk hij het verstaat. Daarenboven is zij met een openslaande panneel voorzien, en kan alzoo zonder moeite in alle hoeken en kanten gezuiverd worden. Eindelijk de schikking der deuren laat toe de duiven gemakkelijk te vangen, en dat zonder ze te verschrikken.

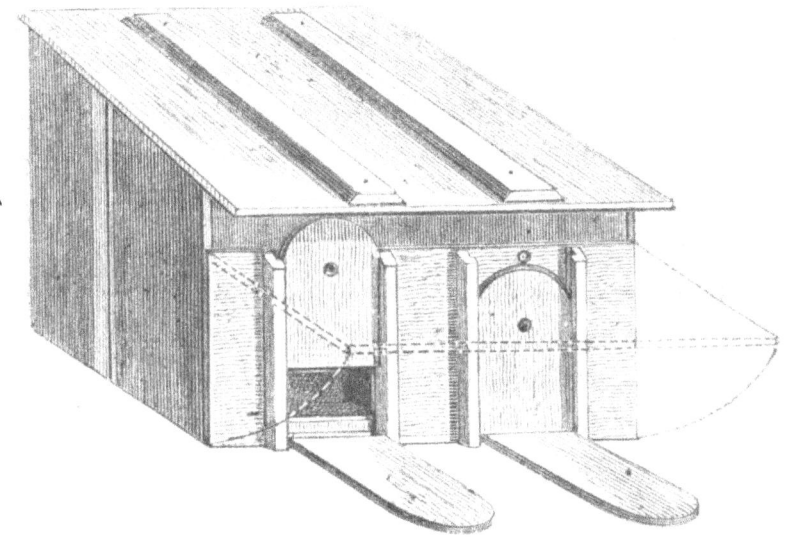

Duivenkeet om aan den muur te hangen.

Men kan niet gelooven hoe de duif er aan houdt eenen « thuis » te hebben, waar zij geheel en gansch meester is en waarover zij alleen mag beschikken. De duiver of doffer en de duivin willen in hunne huiselijke rust niet gestoord worden, en daarom zullen zij niet tevreden zijn als zij geene plaats hebben, waar niemand anders woont. In groote duivenkeeten is het dus noodig verdeelingen te maken in vakken of kotjes.

Die kotjes moeten zoo wijd open zijn, dat de duif er zich vrij en vrank kan in wenden en keeren, en zoo hoog dat zij zonder hinder recht op hare pooten kan staan. Gemeenlijk geeft men eene middelmate van veertig centimeters in de hoogte, veertig in de breedte en vijftig in de diepte.

In eenen hoek van dit kamerken wordt het nest geplaatst. Dit zal best uit plaaster verveerdigd worden en van maaksel niet slecht aan eene schaal gelijken. Er moet ruimte genoeg zijn om, als de jongen beginnen groot genoeg te worden, een tweede nest in eenen anderen hoek te kunnen plaatsen.

Te veel plaats in de duivenwoonsten is nadeelig, want de duif, die de vrijheid zoo lief heeft, blijft moeilijk op hare eieren zitten en heeft al haren moed noodig om hare jongen op te brengen.

In vele hofsteden zuivert men de keeten maar ééns 's jaars, onder voorwendsel de duiven niet te verschuwen, maar inderdaad om moeite en eene onaangename bezigheid te vermijden.

Er zijn geene vogels die zoo zuiver zijn als de duif en die de netheid voor hunne gezondheid zoo noodig hebben. Zij zoekt klaar en helder water en houdt er aan zich dikwijls te wasschen; zij verslijt eenen ongelooflijken tijd in het schoonmaken en in het afkeeren van het ongedierte.

Zijne duivenkeet niet kuischen is vrijwillig aan de helft van de mogelijke opbrengst verzaken.

De vakken of kotjes moeten ten minste ééns te week gezuiverd worden, en al het mest er uitgekrapt.

Herhaaldelijk gebruik van den krabber maken is aan de duiven eenen grooten dienst bewijzen.

In twee woorden kunnen wij zeggen al wat er noodig is om in de duiventeelt te gelukken : Wees zindelijk en zorg voor de gezondheid van uwe dieren.

VIJFDE HOOFDSTUK.

Vetten van duivenjongen.

IN den beginne voedt men de duivenjongen twee of drie maal daags met eene zekere hoeveelheid gekookte en in het water week gemaakte vitsen en erwten. Men houdt ze tusschen de knieën, opent voorzichtig den bek en dwingt ze alzoo die spijs binnen te zwelgen.

Vijf of zes dagen zijn genoeg om op die wijze tamelijk gemeste duivejongen te bekomen.

Anderen nemen duivenjongen van vier of vijf weken en drie of vier maal daags stoppen zij ze vol met propdeeg van boekweit of vitsen, of met kleine geweekte Turksche tarwe, en dit gedurende vijf of zes dagen. Indien men in hun voedsel van tijd tot tijd wat anijs- of korianderzaad, of ook eenig groen van pijn- of jeneverboomen mengelt, zal het vleesch naar die kruiden smaken en veel fijner zijn.

Er zijn streken, waar men de duivenjongen opvult met eene soort van soep, bij middel van eenen trechter. Maar dit kan slechts geschieden wanneer de zaken op groote schaal worden gedaan. In alle geval moet men uitnemend voorzichtig te werk gaan om de jonge vogels met dat tuig niet te kwetsen. Daarom is het geradig eenen trechter in gom-elastiek of gutta-percha te gebruiken.

Het vetten der duivenjongen, wanneer het wel verstaan en in 't groot bewerkt wordt, is den landbouwer zoo winstgevend als dit der hoenders.

ZESDE HOOFDSTUK.

Het Voeder.

HETGEEN wij hier zeggen over het voeden der duiven is opgesteld volgens een schrijven van den heer Salzsieder in de *Practische Geflügelzüchter*.

Schrijver heeft bemerkt dat meestal de ziekten der duiven hunnen oorsprong vinden in ongepast voeder. *Kleine erwten* worden als allerbeste duivenkost aanzien, waarschijnlijk omdat de duif er op verlekkerd is. Omdat die erwten gemakkelijk opgepikt worden en zoo gemakkelijk binnen gaan, daarom en voor niets anders verkiest ze de duif. De kleine erwten zijn nochtans schadelijk voor hunne gezondheid; zij verteren moeilijk en veroorzaken vele kropziekten. In kleine hoeveelheid mag men ze wel geven, en dat om eens van spijs te veranderen.

Turksche Tarwe of *Maïs*, bijzonderlijk onrijp gegeven, is de dood voor de duiven. Zij is te brandig, bijzonderlijk tijdens den zomer, en maakt de vogelen te gauw vet.

Vitsen kan men aanraden voor duiven, die hunne jongen aan 't voeden zijn. Als gewoon voeder zijn zij slecht voor de maag.

Boonen kunnen goed zijn, maar alleenlijk voor

groote en kloeke duiven. Aan de duiven van kleine gestalte en de *Kroppers* zal men nooit boonen geven.

Tarwe eten de duiven geern, maar aangezien zij rijk is aan bloem en zetmeel, maakt zij de vogelen te vet en de mannekes ongeschikt voor de voortteling. Tarwe deugt maar voor 't voedsel der magere duiven.

Boekweit zal men geven aan duiven, die aan kropziekte lijden. Zij zal hunne maag niet bezwaren en tochhen in 't leven houden. Het is al peel; gezonde duiven zijn er niet mede gebaat.

De *Geerst* volgens den schrijver is het volmaakste voedsel dat men kan begeeren voor de duif. Het is het eenigst dat haar in alle omstandigheden dient; het bevat al wat eene duif tot voedsel noodig heeft. Het meel is naar evenredigheid van het houtachtige bekleedsel. Al wie de zaak onderzocht heeft moet de voorkeur aan de geerst geven. Jonge duiven kunnen ook geen beteren kost verlangen; 't is het middel om ze in volle gezondheid te zien opgroeien en geen enkele te verliezen.

De heer Salzsieter geeft aan alle duivenmelkers den raad, iederen dag aan hunne vogels geerst voor voedsel en versch water voor drinken te geven. Fijn gestampte mortel, dien men gemengeld heeft met pekel uit de harington en met klepzout, zal ook goede diensten bewijzen. Het is ook goed van tijd tot tijd in het eten wat koolzaad te doen. Die voedingswijze zal de duiven niet alleen in staat houden, maar zelfs genezen indien er ziekten zijn.

Een woord om te eindigen over de wijze, waarop men het voedsel aan de duiven zal uitdeelen. Niets mag op den grond verloren blijven. Te veel eten maakt de duif traag en vadsig; zij moet wat inspanning gebruiken om haren kost te zoeken. Wij zijn ook vijanden van tuigen die altijd vol graan staan; best wordt het voor hen geworpen om ze te noodzaken het te zoeken en te gaan oppikken.

Onnoodig hier bij te voegen dat de bodem van de duivenkeet altijd zindelijk moet onderhouden worden.

ZEVENDE HOOFDSTUK.

Duifje zonder gal.

Duifje zonder gal is een spreekwoord, bij het volk mondsgemeen, en dat wij soms vinden in de kanselrede van sommige oude predikanten. Van een onschuldig, onnoozel meisje, getuigt Kramers in zijn Woordenboek, zegt men : 't is een duifje, duifje zonder gal.

Overdrachtelijk wordt gal gebruikt in den zin van toorn en nijd. De zure oprisping uit de maag wordt aan de gal toegeschreven, en zuur worden zegt men ook van personen die boos, toornig, driftig of verbitterd worden.

De duif is het zinnebeeld van de zachtmoedigheid, goedheid en zachtaardigheid. Het zoete lieve duifje kent geene bitterheid; zoo het lam onder de dieren, zegt de H. Bernardus, zoo het duifje onder de vogelen. De grootste onschuld, de grootste zachtaardigheid, de grootste eenvoudigheid is eigen aan beide.

Maar zou de duif waarlijk geene gal hebben, het is te zeggen dat bitter, geelachtig groen vocht, aan menschen en dieren zoo noodig tot spijsvertering?

Er wordt verteld dat een boerenknecht uit eene hofstede van Filey, in Engeland, verboden werd vergift te strooien te dicht bij de gebouwen, uit vrees dat de duiven het zouden oppikken en er van sterven. Vrees niet, antwoordde de man, onmogelijk de duiven te vergeven, want zij hebben geene gal.

Ook in de Engelsche gedichten van Michael Drayton Esq. lezen wij :

Een melkwit duifje op hare hand zij bracht,
Zoo tem, 't vloog weg en kwam weêr op haar klacht,
Het had rond den nek een band met eene tres
En was zonder gal gelijk zijn meesteres.

Ja, het volk gelooft dat de duif geene gal heeft. Sir Thomas, in het IV hoofdstuk van het derde boek van de « Pseudoxia Epidemica », tracht dat volksgeloof te weerleggen. De Egyptenaren, zegt hij, hebben van de duif het zinnebeeldig teeken van de zachtmoedigheid gemaakt en alhoewel vele schrijvers beweren dat de duif geene gal heeft, is dit eene onwaarheid. Gelijk bij alle dieren is de galblaas van de duif niet vast aan den lever, maar aan de ingewanden; van daar die dwaling, alhoewel het ook waar is dat de zachtmoedigheid van dien vogel voor veel in die doling is. Eenigen houden staan dat dit spijsverteringswerktuig het dier geheel en gansch ontbreekt; anderen spreken overdrachtelijk en zeggen dat het zich onmogelijk toornig, kwaad of spijtig kan maken.

In Captain Wedderburn's *Courtship*, in Janison's *Popular Ballads of Scotland*, Vol. II, bldz. 159-165, vinden wij alweer een voorbeeld van die meening.

Van den man, die naar de hand staat van de dochter des heeren van Roslin, eischt deze laatste, eer hij de huwelijksvraag wil aanhooren, dat hij hem voor het bruiloftsmaal drie gerechten zou beloven, waaronder er een vogel moest zijn zonder gal.

Dat zal niet moeielijk zijn, antwoordt de aanzoeker:

Want sedert Noë's zondvloed
Is de duif van gal behoed.

De geleerde uitgever van de Scotsche Balladen voegt er in aanteekening bij, dat de boeren van Schotland beweren dat de duif, die Noë uit de ark liet, zoo lang en zoo sterk vloog dat hare galblaas er van opensprong. Sedertdien, zeggen zij, hebben de duiven geene gal meer.

En toch hebben zij gal. Wie is het niet eens gebeurd eene gebraden duif te eten, die bitter smaakte, omdat bij het kuischen de gal niet wel uitgehaald, maar geheel verpletterd werd?

DERDE BOEK

KALKOENEN, PERELHOENDEREN EN PAUWEN

EERSTE HOOFDSTUK

De Kalkoen

HOE een naam iemand op den dool kan brengen, en dat nog een geleerd man! Ray onderzoekt al de namen, aan den kalkoen gegeven, te beginnen met den ouden *Gallina numi-*

Kalkoen.

dica of *Numidisch Hoender* tot aan dien van kalkoenschen haan en hen, ja tot zijnen Engelschen

Turkey of *Turk*, en besluit dat de kalkoenen uit Afrika of uit Oost-Indië moeten afkomstig zijn. Ja, Numidië ligt in Afrika tusschen Carthago en Mauritanië, en Calcutta, stad die schijnt haren naam aan 't dier gegeven te hebben, in Bengalië, eene Engelsche bezitting van Hindostan. Een naam door het volk gegeven is geen bewijs en zelfs die niet, door eenen geleerde aan iets vastgehecht zonder grondig onderzoek.

Aldrovandus heeft in het lang en breed willen bewijzen dat de kalkoen de *Meleagris* der oude natuurkundigen was, in andere woorden het *Afrikaansch* en *Numidisch Hoender*, dat Plinius noemt: *Gallinæ africanæ, quas vulgus indicas gallinas vocat*, Afrikaansche hoenders, door het volk Indiaansche genoemd. Ongelukkiglijk gelijkt de beschrijving niet aan die van den kalkoen, maar aan die van het *Parelhoen* of *Pintade*, dat van echt Afrikaansche afkomst is: *gallinæ numicidæ guttatæ*, hoenders die geteekend zijn gelijk met druppeltjes. Alhoewel het anders is, zal toch Linnœus den kalkoen tot in der eeuwigheid *Meleagris* doen noemen!

De kalkoenen zijn oorspronkelijk noch uit Afrika, noch uit Azia, maar wel uit Amerika en de eilanden, die het omringen. Vóór de ontdekking der Nieuwe Wereld waren zij in Europa geheel en gansch onbekend.

In de Antillen-eilanden, doet L.-P. du Tertre bemerken, zijn zij in hun eigen land, en wil men ze eenigszins verzorgen, zij zullen tot driemaal 's jaars broeien. Het is inderdaad, voegt Buffon er bij, een algemeene regel, dat een dier in zijne eigene streken beter dan in vreemde voortzet en er sterker en grooter wordt. Dat is juist het geval met de kalkoenen in de eilanden van Amerika.

« In de vooreilanden van Amerika, schrijft Charles de Rochefort, vindt men drie soorten van hoenderen; de eene zijn *Gemeene Hoenderen*, gelijk aan deze van onze gewesten; de andere zijn die, welke wij *Indiaansche* of *Kalkoensche Hoenderen* noemen, de derde zijn een soort van *Faisanten*, die de Franschen in navolging van de Spanjaarden *Pintades-Hoenderen* heeten, omdat zij als geschilderd zijn met witte verwen en met kleine stipjes, die gelijk zoovele oogen zijn op duisteren grond. »

De kalkoenen bewonen in groot getal, schrijven de zendelingen, het land van Illinois; men komt ze daar tegen in benden van honderd, ja tweehonderd; zij zijn veel grooter dan die van ons land en wegen tot zes-en-dertig pond. In Canada worden ze door de inwoners, volgens den minderbroeder Theodatius, *Ondettouaques* genoemd, en in Mexico, in Nieuw-Engeland, in Mississipiland en in Brazilië zijn zij gekend onder den naam van *Arignan-Nossou*.

Maar indien de reizigers en ooggetuigen ééns zijn om Amerika als de bakermat van dit hoenderras te erkennen, zijn zij ook ééns om te zeggen dat zij er geene of geheel weinig in Azia hebben ontmoet. Wij gelooven dus dat er over den oorsprong der kalkoenen geen de minste twijfel kan bestaan.

De wilde kalkoen uit de onmetelijke bosschen der Nieuwe Wereld is dus de stamvader van onze kalkoenen; hij verschilt van onze tamme in niets anders dan in grootte en in schoonheid.

De wilde kalkoensche haan meet niet veel min dan vier voeten in de lengte, en met zijne wijd uitgebreide vlerken wel vijf in de breedte. Zijn gevederte is eene verzameling van de schoonste verwen : het bruin koperbrons blinkt boven de andere, en daar de pluimen schubgewijze de eene boven de andere liggen, zou men zweren dat hij met eenen pantserrok van goud en staal bekleed is. Zoo schoon is die vogel, dat de bekende wijsgeer Franklin, een der stichters van de Amerikaansche Republiek, het beklaagde dat de Vereenigde Staten in plaats van den arend, den wilden kalkoen in hun wapen niet hadden opgenomen.

Met tam te worden en rond de woonsten der menschen voort te zetten heeft de wilde kalkoen verloren in grootte, in omvang en in schoonheid. De invloed van den mensch is hem schadelijk geweest; ja zelfs in onze landen is zijn vleesch zoo smakelijk niet meer. Maar toch zal hij nog altijd een heerlijk gerecht zijn en de pracht van onze feestmalen.

Op vele hofsteden wil de landbouwer geen kalkoenen kweeken om reden der groote zorgen, die zij vragen, en ook omdat hij meent dat zij zooveel niet opbrengen als zij kosten. Dat vooroordeel is niet nieuw en reeds in ons oud « Hofstede ende Landthuys » lezen wij : « Degene, die ons desen vogel hier te lande gebrocht heeft, heeft ons meer leckerny besorght dan voordeel, want het is een rechte haverkist, ende *eenen onversadelicken put van spijse*, waer in dat anders geen geneuchten te nemen is, dan te hooren luyde roepen ende tieren als sy out zijn, oft een gedurigh gepiep als sy geheel jonck syn..... Een lantman magh seggen, dat alsoo veel Calicoensche hanen of hennen, als er op sijn hoeve en vrijt-hof zijn, dat hij zooveel muylen heeft aangaande de kost die sij eten. »

Wanneer de kalkoen uitsluitelijk met graan moet leven, en men rekening wil houden van al hetgeen hij gekost heeft sedert den dag, dat hij uit het ei kwam, tot op den dag dat hij groot genoeg is om verkocht te worden, moeten wij bekennen dat hij in evenredigheid van 't gewicht meer kost dan het vleesch, dat men bij den beenhouwer haalt.

Maar indien de jonge kalkoen, geboren op het einde van Mei of in de eerste dagen van Juni, op de akkers, die de hofstede omringen, vrijen loop heeft, dan is het eene geheel andere zaak.

De kalkoen in dien tijd ontwikkelt en vet zich met de verloren granen op te pikken; hij zuivert het land van ongedierte en komt 's avonds veel meer gevleescht te huis, dus veel meer in weerde. Verre van op de kosten van den landman te leven, bewijst hij, zonder iets te eischen, uitnemende diensten : hij mest zijne landen en bevrijdt ze van schadelijke diertjes.

Met de maand October, wanneer de landbouwster het prachtige dier op de stadsmarkt verkoopen mag, zal zij terugkeeren met eene wel gevulde beurs en zegevierend antwoorden aan dezen, die beweren dat er met kalkoenen geen geld te winnen is.

Maar jonge kalkoenen gezond en gave houden tot zij rood geworden zijn, dat is de groote moeilijkheid? In 't geheel niet.

Eerst en vooral gaat het broeden gemakkelijker dan dat van kiekens. Het uitkippen gaat van zelf en totdat zij eene maand oud zijn bestaat hun bijzonder voedsel in maïsdeeg, waarin kruim van brood, netelen en harde eieren zijn gemengd. Ook salade en zurkel in overvloed, gewassen die in dezen tijd van 't jaar toch geene weerde hebben.

Wanneer zij omtrent zes weken oud zijn, worden zij rood. Het is het gevaarlijkste oogenblik van hun bestaan, en toch maar gevaarlijk voor zooveel zij vroeger in 't opkomen geleden hebben, en zonder genoegzame levenskracht zijn opgegroeid, Anders is er niets te duchten en niets is er te veranderen in hunne voedingswijze; het is nochtans goed, en dit enkel uit voorzorg, in den deeg wat gestampt kempzaad te mengelen.

Geheel dikwijls vindt het bloedgebrek bij de jonge kalkoenen zijne oorzaak in de hitte van het hok, waarin ze 's nachts opgesloten zitten. Men denkt niet dat de vogelen alle dagen grooter en grooter worden en de hitte van 't kot in evenredigheid vermeerdert. De smachtende warmte, die er 's nachts in heerscht, is het doodend vergif, dat geheele benden vermoordt; gemakkelijk is daarin te verhelpen met een grooter hok te zoeken of de deur er van met traliewerk te voorzien.

Een deeg van haver- of boekweitmeel, met een weinig quinquina vermengd, wordt ook in dien zorgvollen tijd aanbevolen.

Indien de kalkoentjes niet gedijen, indien zij kwijnen, kan men hun de volgende geneesmiddelen toedienen, volgens een voorschrift van den heer Mille:

Poeder van kassiakaneel	1.500 gr.
Poeder van ginebeer	5.000 »
Gentiaan	500 »
Anijs	500 »
Koolzuur ijzer	2.500 »

Men mengelt 's morgens eenen koffielepel van dit poeder in den deeg, voor twintig kalkoenen bereid, en dezelfde hoeveelheid 's avonds. Wanneer de beslissende tijd voorbij is, zullen uwe dieren zoo gezond zijn als zij ooit waren.

In geheel dien tijd zullen de kalkoentjes maar in schoon weder en in het warmste van den dag mogen buiten loopen; niets is zoo slecht voor hen als koude en natte. Wanneer alles goed afgeloopen is en men niets meer te vreezen heeft, zal men ze in benden op de stoppels leiden.

Hun voedsel van nu af zal uit kruiden, slekken en andere diertjes bestaan. Waar er noten-, kastanje- of eikenboomen zijn, zullen de kalkoenen er de afgevallen vruchten van oppikken, zij zijn er immers op verlekkerd. Zurkel en suikerij zullen hun wel bevallen, maar vitsen verteeren slecht en dolle kervel is vergif.

Voor roeststokken moet men ook zorgen : het mag een doode boom zijn met zijne dorre takken of een mast met dweersstokken. Het ware nochtans beter al de stokken op dezelfde hoogte te zetten, want het is het eenigste middel om vrede in het hok te hebben. Een versleten rijtuigwiel kan allerbest dienen. Men steekt eene paal in de nave en zet het zoo in het kalkoenenkot. De vogels gaan rusten op de speken en op de velgen, die alle van gelijke hoogte zijn, en van twist is er geene sprake meer.

De kalkoen is een goed dier, mak, niet menschenschuw, en zacht van inborst. Eén ding alleen maakt dat hij in gramschap ontsteekt; 't is het zien van al wat rood is.

De kalkoen staat maar ééns gemeld in de geschiedenisblaren, en het is dan nog in die van de letterkunde. Boileau, die nog kind was en later de « *Lutrin* » ging dichten, had eenen kalkoen lief, doch het dier, oploopend meer dan het eenen vogel van die soort betaamt, deed den Franschen dichter zijne kleine plagerijen wreed betalen.

De kalkoen is bij overlevering het gerecht van Dertien- of Driekoningendag. Het was alsdan, zegt de kroniek, dat dit uitgelezen hoender voor den eersten keer op de koningstafel verscheen, en wel in Frankrijk op die van Lodewijk XII. Het dien dag aan het spit stekende, viert men de verjaring van een der schoonste veroveringen der kookkunst. Tafel en hoenderkot dienen dit merkwaardig tijdstip te vieren.

Hoe blijde klinkt zijn kloek! kloek! op het neerhof te midden van het kakelen der hennen, het snateren der eenden, het schreeuwen der perelhoenders en het kraaien der hanen. Zijn kloek! kloek! klettert eens gelijk eene wegschietende vuurpijl; later trekt hij het langer, maar toch volgt het snel en helder gelijk het gerucht van eenen waterval.

Altijd op het veld en op de grenzen der bosschen, vraagt de kalkoen weinig zorgen. Hoe is het dus mogelijk den landbouwer alzoo de vrees aan te jagen en hem een vooroordeel in te boezemen tegen dit dier, de eer der beschaving en der kookkunst, dat hem afgeschilderd wordt als een alverslinder en de ondergang van de hofstede? Neen, ten voordeele van de kalkoenen pleiten, is een dom vooroordeel uitroeien en eenen dam omverwerpen die te lang in ons land eene bron van groote winsten heeft afgesloten.

TWEEDE HOOFDSTUK

De Pintade of het Perelhoen.

DE zusters van Meleagris, zoon van den koning van Calydon, waren ontroostbaar over het vroegtijdig afsterven van hunnen teergeliefden broeder. Hunne smart was zoo groot dat zij de goden te voet vielen en hen smeekten hun lijden te doen eindigen.

de Perelhoender

De bermhertige goden veranderden die dochters in vogelen, wier gevederte altijd hun rouwgewaad zou herinneren; grijs waren de pluimen, bezaaid met witte peerlen, die op de sombere kleur gelijk tranen blonken. Weenen moesten de vrouwen niet meer, maar tot het einde der wereld hunne tranen dragen. Schoone vogelen zijn zij geworden, maar hunne groote beenen, hun onzekere en gezochte gang, hun groote hals, hunne stoute oogen en bijzonderlijk hun eeuwig gesnap kunnen hunne afkomst niet loochenen.

Lief is deze sage; zij getuigt dat de oude Grieken de perelhoenders reeds kenden en de schoonheid van 't dier waardeerden, maar zij waren ook op zijn vleesch verlekkerd en de aangename reuk van dit gebraad heeft meer dan eens de rijke eetkamer van Pericles en Alcibiades vervuld. Aristoteles spreekt er maar eens van in zijne werken en noemt het *Meleagris*. Hij zegt dat die vogelen, welke men bij geheele benden rond den tempel van Minerva kweekte, getikkeld zijn, en dat zij in Griekenland zoo gemeen waren, dat arme menschen er niet moesten naar zien om ze aan de goden op te offeren.

Rome kende het perelhoender ook, en in de laatste jaren van het Roomsche Keizerrijk verscheen als eergerecht de *Gallina picta* op de tafel der wereldmeesters. Het was het voortreffelijkste gebraad, dat de wereldstad voor hare gasten kon opdisschen.

Varro noemt het perelhoender een Afrikaansch hoen en beschrijft het als groot zijnde, met bont gevederte, zonder rug en in zijnen tijd geheel zeldzaam te Rome.

Plinius schrijft omtrent hetzelfde als Varro en schijnt hem afgekeken te hebben. Wij moeten nochtans erkennen dat de overeenkomst in woorden en gedachten uit de beschrijvingen van eenen en denzelfden vogel spruiten kan. Hij herhaalt ook wat Aristoteles zegt van de kleur der eieren, en voegt er bij dat de *Numidische perelhoenderen* meest gegeerd zijn, van waar men hun den naam van *Numida* gaf. *Gallina picta* wordt het ook nog soms door de Latijnsche schrijvers geheeten.

Langs de groote Romeinsche heirbanen voerden de wereldveroveraars het Afrikaansche hoen met zich en zoo geraakte het ook in onze landen. Onze voorouders hebben het insgelijks gekend en lang smakelijk gevonden.

Met de middeleeuwen nochtans verdwijnt het uit Europa en tot de naam toe er van wordt vergeten. Onze middeleeuwsche kerels moesten geheele schapen, overgroote vette ganzen en halve herten aan 't spit steken; een parelhoender was maar eene beet!

Met de jaren 1600 worden ze wederom door de Portugeesche monniken in Europa aangebracht en wederom aan ons en onze luchtstreken gewoon gemaakt. Maar vrij en onafhankelijk van inborst te midden der beschaving, schijnt het den schoonen tijd te beklagen, dat het in de Afrikaansche bosschen mocht vrij en vrank zijnen weg kiezen. Het schijnt weinig gediend te zijn met de eer, op onze tafel te verschijnen.

Korts na de ontdekking van Amerika werd het parelhoen ginder overgebracht door de scheepvaarders. Het vond daar zulk eene gunstige luchtstreek, dat het snel voortzette en er in 't wilde ging leven.

Men kent nu zeven soorten van perelhoenders: Het *Koningsperelhoen* of *Acryllium*, het *Gierperelhoen* of *Acryllium vulturinum*, het *Kuifperelhoen* of *Guttera* het *Helmperelhoen* of *Numida Mitrata*, het *Penseelperelhoen* of *Numida Ptilorhyncha* en het gewoon Perelhoen of *Numida Meleagris*. Dit laatste is het eigenlijk perelhoen en te wel bekend om hier beschreven te worden.

De perelhoenders zijn twistzieke vogels: zij vechten gedurig tegen de hennen en kalkoenen, vallen de hanen aan en vliegen zelfs op de kinderen. Zij dolen verre weg van huis, broeien als met tegenzin en kunnen tegen geene hevige koude. Hunne levendigheid, hunne schoonheid, hunne bevalligheid en de aardigheid van hunne bewegingen pleiten toch veel in hun voordeel. Het neêrhof eischt ze voor hunne bekoorlijkheid, gelijk de disch voor hun lekker vleesch.

Tijdens de eerste dagen van hun bestaan zijn de jonge perelhoenders uitnemende teer; koude en natte zijn doodelijk voor hen. Gedurende het slecht weder is het volstrekt noodig hen in eene warme en droge plaats op te sluiten. Hun voedsel bestaat uit miereneieren, ook henneneieren hard gekookt en met brood en kemp- of vogelzaad gemengd.

Het volwassen perelhoen eet alle slag van granen en zaden, kruiden en gewassen, alsook diertjes. Tarwe, kempzaad en vitsen zal het lusten, vogelkruid of ganzemure, suikerij of mollensalade, kerse en bitterpeeën pikt het geern op; aard- en meelwormen, averonkers of meikevers, en koolbranders zijn voor hen goede spijs. Maar kropsalade is niet aan te prijzen; geef hun liever wat oudbakken brood, het is er zoo op verlekkerd, dat het dit uit uwe hand zal nemen.

Het ruien of verveeren is voor die vogels meer dan voor andere een gevaarlijke tijd; het mat ze volkomen af. De ruitijd begint in Maart, eene maand waarin wij nog koude dagen hebben, die het verveeren belet. Het perelhoen moet door kloek en sterk voedsel opgehouden worden, en dit zoo lang het ruien duurt, het is te zeggen zeven of acht weken. Van den beginne af treurt het dier, kruipt in eenen hoek en zit daar geheel opgeblazen; het verliest zijne gewone levendigheid, sleept zich van den eenen kant naar den anderen om eene plaats te vinden, waar het, de kop tusschen de schouderen en de oogleden gesloten, kan zitten slapen.

Van zoo haast men zijne ongesteldheid bemerkt mag men het geene groenten meer geven, en maar weinig graan; kemp- en vogelzaad, om reden van hunne verhittende en verkloekende hoedanigheden, mag het evenwel nog hebben. Zijne bijzonderste spijs zal bestaan uit broodkruim, harde eieren, gekookt ossenvleesch, fijn gehakte peterselie en gestampt anijszaad, alles wel dooreengewrocht. Dien deeg mag men bestrooien met maïsbloem, omdat hij beter aaneen zou houden.

De perelhoenderen, die erg van het ruien lijden, weigeren alle voedsel. Men zal hun dan met geweld den bek openen en voedsel ingeven en na iederen maaltijd drie of vier schelletjes van een ossenhert.

Na de eerste acht dagen beginnen de vogelen allengskens te beteren; zij hernemen stillekensaan hunne kloekte en de penneschachten komen te voorschijn.

Het muiten verzwakt den vogel uitnemend en kan soms buikloop veroorzaken. Het is dan goed in den deeg eenige snuifjes bismuth te doen en hem iederen dag drie of vier lepels gesuikerden wijn in te gieten. Met het einde van April is het hoen gansch genezen.

Buiten dien zorgvollen tijd kweekt de perelhoender gemakkelijk. Ook, het groot getal van deze dieren, die in verkoophallen en op markten worden aangeboden, toont genoeg dat er meer en meer op onze hofsteden gekweekt worden.

DERDE HOOFDSTUK.

De Pauw.

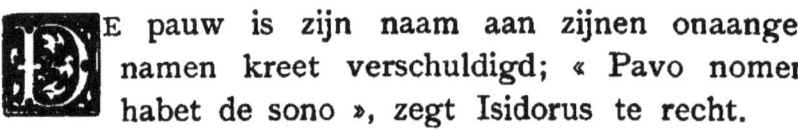E pauw is zijn naam aan zijnen onaangenamen kreet verschuldigd; « Pavo nomen habet de sono », zegt Isidorus te recht.

Het is niet gekend wanneer de pauw in Europa werd ingebracht. Salomon's schepen, die naar Ophir vaarden, brachten iederen keer bij hunne terugkomst aan den wijsten der koningen, een groot getal pauwen die ze te Ophir zelf gekregen hadden, of op andere plaatsen langs de kusten.

Alexander de Groote kende hem zeker niet als huisdier, aangezien wij lezen in de geschiedenisbladeren, dat die veroveraar zijne oogen niet geloofde wanneer hij, te midden zijner veldtochten in Indië, aldaar dien prachtigen vogel eerst ontmoette en dat hij deze dieren in Europa overbracht.

Vóór het einde zijner regeering nochtans waren zij in Griekenland zeer gemeen, want wij lezen in Antiphane's gedichten, dat in dien tijd een koppel pauwen zich zoo vermenigvuldigd had, dat ze de kwakkels in getal te boven gingen. Die dichter behoorde tot Alexander's tijd en overleefde den vorst.

Aristoteles, die maar drie jaar langer dan zijn

leerling heeft geleefd, spreekt van den pauw als van eenen wel gekenden en zeer gemeenen vogel.

Pauw.

Samos is waarschijnlijk de eerste verblijfplaats geweest van de pauwen bij hunne komst uit Indië.

Menotus getuigt pauwen te Samos gezien te hebben, wanneer er buiten Azia nog geene waren. In dit eiland kweekte men pauwen in den tempel van Juno en een pauw stond nevens Juno op Samos' geld.

De Grieksche godenleer kon er niet uit, den pauw voor een harer zinnebeelden te nemen; zij wijdde den vogel aan de trotsche Juno toe. Wanneer nu Argus, de uitvoerder van de afgunstige wraak der godin, insluimerde bij de zachte tonen van Mercurius's fluit en door die godshanden eene wreede dood stierf, werden hem zijne honderd oogen uitgerukt om op den staart van Juno's lievelingsvogel kunstig gezaaid te worden.

De Romeinen hielden veel van den pauw; Vittellius en Heliogabalus dienden voor hunne gasten geheele schotels pauwtongen en pauwhersenen op, toegekruid met de geurigste specerijen der Oosterlanden.

Sint Augustijn schrijft dat te Carthago een pauw opgedischt wordende, hij met de andere tafelgenooten wilde beproeven of het volksgezegde waar was, dat pauwenvleesch niet bederft. Hij deed dus verscheidene stukjes van de maag wegzetten; na eenige dagen hadden zij inderdaad noch van reuk, noch van smaak iets verloren. Eene maand later was er nog niets aan, ja, na een jaar was het nog niet bedorven, doch alleenlijk wat gedroogd en ineengekrompen.

Oud was dit gedacht, dat pauwenvleesch niet kon bederven, en daarom ook was de pauw als zinnebeeld der onsterfelijkheid erkend. Bij de Christenen werd hij het teeken der verrijzenis: gelijk die vogel met de lente nieuwe prachtige en blinkende pluimen krijgt, alzoo ook zal ons lichaam glansrijk en vol glorie verrijzen. In de Catacomben vond men den pauw hier en daar op muren en graven geschilderd.

De wagen van Juno, zegt Ovidius, werd door hare pauwen voortgetrokken :

> *Habili Saturnia curru*
> *Ingreditur liquidum Pavonibus aëra pictis*

hetgeen een oude schrijver vertaalt :

Saturnus dochter swiert snel door de losse lucht
Met haren-wagen, schoon gevoert door Pauwen-vlucht.

In eenen almanach van het jaar 354 O. H. J. C. staat er bij de maand Augustus een waaier die gemaakt is uit pauwpluimen. Dit oud en wonderbaar stuk behoort aan de stadsboekerij van Weenen. Men weet dat in de IVe en V^e eeuw de slaven belast waren de Roomsche dames te verkoelen met een tuig uit pluimen verveerdigd :

Alzoo dicht Entropos :

> *Et cum se rapido fessam projecerat œstu*
> *Patricius roseis pavonum ventilat alis.*

Het is voor de maat, dat men hier leest : met de rooskleurige vleugelen des pauws; het moet zijn met de blauwgroene vederen van eenen pauwensteert (1).

Wanneer het Roomsche keizerrijk omver lag, was de pauw in geheel Europa gekend; in 't Zuiden zette hij snelst voort, maar toch welhaast vond men hem in 't Noorden ook, en tot in Zweden.

---

(1) *Revue de l'Art chrétien*, tome II, 4me livraison, bladz. 482.

In de middeleeuwen was de pauw als een edele vogel geëerd; den prijs die er aan besteed werd, kan men berekenen uit de overgroote pracht en de plechtigheden, waarmede hij gediend werd op de tafels van de groote baroenen. Blinkende vlammen schoten uit zijnen bek wanneer hij, omringd van de kostelijkste bloemen, de eetzaal binnengebracht werd. De gewone voorsnijder van 't vleesch mocht het edel dier niet aanraken; de edele vrouw des huizes bracht het op en plaatste het vóór den gastheer of eenen der dapperste ridders, dien zij op dien dag bijzondere eer wilde bewijzen.

De gast, aan wien die eer te beurt viel, moest den pauw in zoovele stukken snijden als er tafelgenooten waren, en aangezien het in de ridderkasteelen altijd open hof was en de gasten er uit den grond schenen te rijzen, was dat eene geheele kunst. Terwijl de edelman aan 't voorsnijden was, zong men, de eene na de andere, zijne heldendaden, hetgeen voortduurde totdat men eindelijk zijne behendigheid kon loven en dat een algemeen handgeklap het voltooien van zijn moeilijk werk begroette.

Nu stond de voorsnijder op, hief de hand boven den schotel, waar 't gesneden edelgebraad in lag, en zwoer in 't vervolg nog dapperder te zullen zijn als in 't verleden; de eerste te zijn om 's vorsten standaard op de muren der vijandelijke stad te plaatsen, of in 't veld de eerste te zijn die de vijandelijke gelederen zou binnendringen. Hij bediende zich van de gebruikelijke uitdrukking: *Dit beloof ik aan den Heer mijn God, aan Mevrouw de Moeder van Christus, aan de eerzame vrouwen hier tegenwoordig en aan den pauw, die hier voor ons ligt.*

Iedereen, die een stuk van den pauw nam, deed den *Pauweneed.* Deze verbond den ridder aan zijnen eed getrouw te blijven, op straf van zijn schild te schandvlekken.

Nu wordt de pauw zeldzaam opgedischt, en dit gebeurt ternauwernood op groote bruiloften en rijke feestmalen, doch meer dan ooit is hij het sieraad onzer lustwaranden.

Hebt gij den pauw, dien de wetenschap « *Pavo cristatus* » ter wille van den vederbos van zijnen kop, in de schitterende zon op eenen schoonen lentedag nog gadeslagen, wanneer hij voorbij u vreedzaam weg en weder wandelde? Hoe indrukmakend is zijne houding, hoe trotsch zijn gang, hoe edel zijn gelaat! Hebt gij zijnen pluimbos bemerkt, waarvan de lichte pluimen nooit stille staan? Zijn prachtig gevederte kan wedijveren met de levendigste bloemen onzer bonte tuinen, met den schitterenden glans onzer kostelijke gesteenten, met de verbazende kleuren van den regenboog. De Schepper heeft hier niet alleen de schoonste kleuren van hemel en aarde verzameld, maar ze zoodanig kunstig gemengd, geschikt en ineengesmolten, dat het onmogelijk is aan 't penseel van den kunstenaar er een volledig gedacht van weer te geven.

Het wonder is toch nog niet ten einde. Zie, wanneer hij bij de pauwin komt, hoe hij zijn groene met blinkende oogen versierde steertvederen uitbreidt en hoe hij de schitterende kleuren er van weet te doen uitkomen. Trotsch steekt hij kop en hals achteruit; de pluimen komen prachtig uit op dien glansrijken grond, waar de zonnestralen in spelen en gedurig nieuwe en lieflijke kleuren doen ontstaan. Iedere beweging van den vogel doet nieuwe verwen zien en brengt in bonte schakeeringen wonderbare en nooit geziene kleurvermengingen te voorschijn.

De pauwin, die zoowel door de natuur niet

begunstigd is, schijnt toch ook met de praalzucht van haren man behebt te zijn. Zij ook heft haren vederbos in de lucht, al is hij kort en donker van verwe; zij vergeet dat zij met haren bruinen kop en hals, met hare groenachtige vederen van den nek, met hare witte borst, dito buik en nek, met hare bruine slagvederen en nog bruiner stuurvederen, toch zoo leelijk afsteekt. En toch gaan zij te zamen en denken dat zij de schoonste vogelen van 't neêrhof zijn!

Er zijn ook *Witte pauwen*. « Als sy broedt, schrijft « Hofstede en Landthuys », is 't dat men haer deckt met een wit laken, soo sal sy voortbrengen heel witte jongen : 't selve sal sy oock doen, is 't dat se in een kot gesloten is, dat heel wit geschildert oft behangen is, soo dat sy in 't broeden niet dan witte verwe en siet. »

Wij laten aan den ouden schrijver de verantwoordelijkheid van hetgeen hij beweert, en verkiezen ons te houden aan hetgeen Buffon over de witte pauwen heeft medegedeeld.

De luchtstreek, zegt de geleerde natuurkundige, heeft op het gevederte der vogelen zooveel invloed als op de haarkleur van sommige dieren. Wij hebben, voegt hij er bij, in vorige boeken gezien hoe de haas, de hermelijnwezel, en het meerendeel der andere dieren in de koude streken wit worden, en dat inzonderheid gedurende den winter. Nu vinden wij pauwen die door dezelfde oorzaken dezelfde verandering ondergaan of nog eene grootere, aangezien wij moeten vaststellen dat zoo een geheel nieuw ras ontstaan is. De witte kleur der hazen en hermelijnen duurt niet, terwijl de witte pauw altijd wit blijft, en in alle landen, zoowel te Rome als te Borneo. Die nieuwe kleur is zoo blijvend, dat eieren in Italië door eene witte pauwin gelegd en uitgebroed, witte pauwen zullen geven.

De natuurkundigen zijn het eens om den oorsprong van den witten pauw in Noorwegen en andere Noordsche landen te zoeken en 't schijnt dat hij daar in die streken in 't wilde leeft; hij komt soms in Duitschland over, alwaar men nu en dan een van die vogelen kan vangen. In België nochtans, in Frankrijk en Italië bestaat hij slechts als huisdier en is zeer zeldzaam.

Lang moet het geduurd hebben eer die vogel uit de verre zuiderlanden gewend werd aan 't koude Noorden, en wonderbaar moeten de omstandigheden geweest zijn, waarin zulks geschied is. De mensch kan hem in die streken gebracht hebben, maar ook langs het Noorden van Azia of van Europa kan hij zelf tot daar getrokken zijn. Het is ongekend hoe hij er aangeland is, alsook wanneer; toch zijn wij genegen om te gelooven dat de pauwen sedert lang het Noorden bewonen. Van den eenen kant immers zeggen Aldrovandus, Scaliger en Schwenfeld dat het nog niet lang is dat witte pauwen zoo zeldzaam zijn; en van den anderen kant zijn zij uit het Zuiden nooit overgebracht geweest, want Aristoteles heeft nooit witte pauwen gekend, hij die melding maakt van de verschillige pauwen en van verscheidene witte dieren, als patrijzen, raven en musschen.

De hedendaagsche schrijvers zeggen ook niets van de geschiedenis dier vogelen, tenzij dat hunne jongen zeer teer zijn en moeilijk om op te kweeken. De luchtstreek heeft op hun gevederte invloed gehad, maar ook op hunne natuur, hunne gewoonten en zeden, en het verwondert mij dat geen enkel natuurkundige zich verstout heeft om den gang of ten minste het gevolg van die innerlijke en diepe verandering aan te stippen. Zulke waarneming ware belangrijker geweest voor de natuurkunde dan het nauwgezet tellen van de pluimen dier vogelen, en het bezwaarlijk beschrijven van de kleurschakeeringen en de halve tinten der vederen van de tweevoetigen in al de werelddeelen.

Voor het overige, alhoewel het gevederte van die pauwen geheel wit is en bijzonderlijk de staartpluimen, bemerkt men nochtans op die laatste welgeteekende sporen der prachtige oogen, die eertijds het versiersel er van waren. Zoo diep zijn de eerste kleuren er in geprent!

Onlangs beschreef Sclater eene nieuwe soort van pauwen, te weten de *Zwarte*. Zij verschillen van den gemeenen pauw hierin, dat bij hen de bovenste dekvederen der vleugelen blauwzwart of blauwgroen zijn; de pauwin zou een klaar grijs gevederte hebben, bezaaid met donkere plekken.

De Reuzenpauw, door de Franschen *Paon Spicifère*, *Aardragende Pauw*, en door de wetenschap *Pavo muticus* genoemd, is een laatste soort van die hoenders.

De *Reuzenpauw* is de eerste pauw, dien de mensch heeft gekend, en hij is veel schooner dan al de andere. Hoog op zijne pooten heeft hij daarbij nog eene rijzige gestalte. De kuif heeft breede baarden aan de pluimen als die van den gewonen pauw, en de pluimen zijn geschikt als koornaren, hetgeen hem zeker den Franschen naam van *Spicifère* gegeven heeft. Doch de wetenschap met zijnen *muticus*, die Matthias Martinez vertaalt door *Aren die geenen baard hebben*, werpt ons buiten ons latijn. Nu tot daar!

Het bovenste van den hals van den reuzenpauw en zijn kop zijn smaraagdgroen, de onderste pluimen van den hals zijn groenblauw, omzoomd met verguld groen. De borstvederen hebben eenen metalen groenen glans met gouden weêrschijn; die van den buik zijn bruingrijs, de dekpluimen van de vleugelen donkergroen, de onderste slagvederen leerbruin met de uiterste baarden met wit en zwart geteekend, de tweede slagvederen zwart met groenen weerglans, de groote dekpennen van den steert gelijken aan die van den gemeenen pauw, maar zijn veel schooner. Het oog is grijsbruin, omkranst met eenen blauwen ring; de bek is zwart, de kaken zijn okergeel en de pooten grijs.

De pauwin gelijkt in alles aan den pauw, uitgenomen dat zij zulken langen steert niet heeft.

De *Reuzenpauw* leeft in het koninkrijk van Assam en in de Soenda eilanden (1).

De gemeene pauw is aan onze luchtstreek gewend: de winter doet hem niets meer, in 't schoon en in 't guur weder gaat hij altijd op dezelfde plaats rusten, en verschiet er niet in, soms geheel en gansch ingesneeuwd te zijn. Wanneer hij vrijen loop heeft, is hij niet moeilijk om kweeken: hij eet hetzelfde voedsel als de hennen en zoekt, gelijk zij, in bosch en tuin.

Als de pauwin wil broeien, verbergt zij zich, want zij wil volstrekt niet gestoord worden. Drie maal 's jaars legt ze eieren, maar als men haar laat broeien heeft zij maar één legsel en verslijt voorts den tijd in het opbrengen van hare jongen; het eerste legsel begint half Februari, wanneer zij vijf eieren heeft; de tweede reis legt zij vier eieren en de derde reis twee of drie eieren.

Het ware misschien beter de paauweneieren onder eene hen te leggen, doch om hunne grootte kan

---

(1) BREHME. *Merveilles de la Nature. L'Homme et les Animaux. Les Oiseaux*

de hen ze lastig verroeren; daarom zult gij ze zachtjes keeren als de hen af haar nest gaat om te eten, en de zijde, die boven ligt, teekenen, want mocht de henne ze zelve wenden, men zou het niet gewaar worden en het ware verloren arbeid. Pauwineieren moeten een- of twee-en-dertig dagen bebroed worden.

Op den stond, dat zij uitkippen, zijn de jonge pauwen met een geelen dons bedekt en de eerste dagen zijn zij zeer teer en moeten uitnemend wel verzorgd worden. Een maand later komt de vederbos uit, de sporen heffen zich op en de staart groeit. Maar drie jaren zijn er noodig om het dier geheel en gansch te ontwikkelen en de vogel te worden, voor wien in schoonheid al de andere moeten onderdoen.

VIERDE BOEK

ZWEMVOGELS

EENDEN EN GANZEN

EERSTE HOOFDSTUK.

De Eendvogelen.

HET is ons onmogelijk hier over de honderde soorten van eendvogelen te schrijven, en daar wij gedwongen zijn ons te beperken, willen wij alleen handelen over deze, die meest aftrek op

Rouaansche Eendvogel.

de markten vinden. Alzoo een woord gezegd van

de *Gemeene eenden*, de *Rouaansche*, de *Pekinsche*, de *Aylesburry* en de *Cayugga*, en na ieder slag te doen kennen hebben, zullen wij ons bijzonder bezig houden met het kweeken van de eendekiekens en van de volwassen eenden.

De *Gemeene eend* kent iedereen : geene zijn er die ze niet hebben zien plassen en plapperen in slijk en in water, die ze niet hebben zien zwemmen in grachten en vijvers. Men heeft ze waggelend het neerhof zien bewandelen en door hun scherpen kreet hoenders en kiekens op de vlucht jagen.

De *Rouaansche eend* is de roem van 't Fransche neerhof, zij overtreft in grootte en fijnheid van vleesch al de andere; het is de gemeene eend, maar verdubbeld in grootte en zwaarte. Om aan de Rouaansche te komen, heeft men de wilde eend tot voorbeeld genomen, wat gemaaksel en gevederte betreffen, en men heeft gezocht hare hoedanigheden altijd maar te ontwikkelen.

De Engelschen geven den voorrang aan hunne *Aylesbury-eend*. Van gedaante en gestalte gelijkt deze aan de Rouaansche, en verschilt er slechts van door haar wit mat, glansloos gevederte en door haren roosachtigen witten bek. Het is een allerbeste eendvogel, maar zoo vruchtbaar niet als de Pekinsche.

De *Pekinscheeend* is de uitstekendste der eenden en gaat al de andere te boven. Zij is zoo groot als de Rouaansche; haar wit gevederte met levendigen gelen weerglans geeft haar een voorkomen van sterkte en gezondheid, die zij waarlijk bezit. Zij heeft eenen geel-oranje bek en eenen sierlijken zwanenhals, opgeluisterd met eene reeks pluimen, die aan eene mane doen denken. Zij gaat recht op, houdt het hoofd hoog en doorziet u met een paar zeer scherpe oogen. Er is daar iets trotsch in, hetgeen men bij geen enkele andere eend ontmoet.

Zij is de vruchtbaarste der eendvogels, legt goed en broeit uitmuntend. Hare kiekens zijn opmerkensweerdig omdat zij zoo gemakkelijk kweeken en zoo snel opgroeien; hun gewicht klimt zeer hoog en zij vetten zonder moeite en in korten tijd.

De *Cayugga* is niet veel gekend. Men beweert met recht dat de Cayugga een overgehaalde Aylesburysche, Rouaansche of Pekinsche eend is; die vogel is taai als eene raaf, voortzettend als eene musch, en heeft een ijzersterk gestel.

Haar donker vel en hare sombere pluimen zullen misschien maken dat zij van velen niet gegeerd worden, doch de lekkerbek weet ze te waardeeren, immers is haar vleesch uiterst malsch.

Gemengd met eene Ayleburysche of Pekinsche, is de Cayugga-eend zeer groot; de Rouaansche wint ook bij het brikkelen met deze soort.

Hier volgen de kenteekens van de Cayugga: groote kop met groenen glans; lange, breede, platte, rechte bek, leizwart van kleur en met eene plek in het midden, die tot aan de boorden niet komt, maar op eenen duim afstand ophoudt. Haar lange hals is zoo bevallig gekromd en heeft de kleur van den kop; de borst steekt uit, de steert is zienlijk en draagt drie gekrulde pluimen; geheel het gevederte is blinkend metaal-zwart van verwe, met den meest mogelijken glans.

Zij moet groot van gestalte zijn; een volwassen waard of mannetjes-eend moet van zeven tot acht pond wegen, het wijfjeseend of goele van zes tot zeven pond. Hoe meer zij wegen, hoe verdienstelijker zij zijn (1).

---

(1) Uit een schrijven van den secretaris van de « Waterfowl Club » te Londen aan den hoofdopsteller van « Chasse et Pêche ». Medegedeeld in dit laatste tijdschrift n° 29, bladz. 243.

Zooals men besluiten mag uit hetgeen wij hierboven schreven, zijn het de grootste eenden, waarmede men best weg kan, en die men dus moet trachten te kweeken.

Een erpel en vijf wijfjeseenden hebben maar tien tot vijftien vierkante meters water noodig en een tiental vierkante meters grond. Het is noodig dat iedere eendhen haar nest heeft, goed is het in het perk een of twee nesten meer te bereiden, dan er eendvogels zijn; het gebrek aan nesten is daarenboven de schuld dat sommige eenden hunne eieren in 't water laten vallen. Gelijk voor de hen is het ook aan te raden de nesteieren te laten liggen, of ze te vervangen door valsche, in glas of pleister.

Hebt gij nog opgelet hoe zorgvuldig de eendhen haar ei onder hooi of stroo verbergt? Wanneer zij 's anderdaags wederkeert om een nieuw ei te leggen, zal zij eerst het hooi wegtrekken en zich slechts neerzetten nadat zij gezien heeft dat alles in regel is. Indien zij niets vindt, verontrust zij zich, zij zoekt overal en zal hare eieren in 't water of op den grond verliezen.

Wanneer eene eendhen hare vijftien tot twintig eieren gelegd heeft, mag men ze laten broeden. Het beste is al de eieren nu weg te nemen en haar eieren te geven die zoo versch

Zwemkom voor eenden.

mogelijk zijn, omdat al de kiekens op denzelfden tijd zouden uitgekipt worden.

De eendhen zit acht-en-twintig, dertig, soms een-en-dertig dagen. De nest zal gesloten worden en tweemaal daags, 's morgens rond acht en 's avonds rond vier uren, zal men de eend uitlaten om haar de gelegenheid te geven van te eten, te drinken en in 't water te gaan. Men moet ze vrij uit haar kot laten gaan, want de eend is licht geraakt; indien men ze opneemt pikt en slaat zij, en is zij bekwaam hare eieren te breken. Daarenboven mocht gij gerust zijn, zoohaast de deur open is zal zij opstaan, hare eieren dekken en doen wat zij noodig heeft te doen.

Den zeventienden dag, terwijl de eendhen van haar nest is, mag men het wagen eens te gaan zien of alles wel is. Zoo ja, dan kan men zoohaast de eendhen weer neerzit, het nest opnemen en het in de plaats zetten waar hen en kiekens de twee of drie eerste weken zullen moeten overbrengen.

De beste plaats hiertoe is een grasperk; het moet niet te groot zijn : drie of vier vierkante meters met eenen schotel in den grond gedolven, is al wat er noodig is. Nu zijn geene voorzorgen meer noodig.

Wanneer de kiekens moeten kippen is alle nieuwsgierigheid gevaarlijk, want indien de eend niet gerust gelaten wordt, gaat alles te keer en vertrapt zij hare jongen in hare onvoorzichtige bewegingen.

Wanneer de eendekiekens één dag of één dag en half oud zijn, is het oogenblik gekomen om alles te onderzoeken; liet men de slechte eieren liggen, de eendhen zou blijven zitten en hare kleinen verwaarloozen. Het nest moet blijven staan, want gedurende veertien dagen zal de hen iederen avond met hare kiekens er terug in keeren.

Er zijn er die van den tweeden dag de hen weg doen, meenende dat zij water noodig heeft en alzoo eerder wederom aan het leggen zal gaan. De eendkiekens, die de eerste veertien dagen geen water hebben, worden temmer, hebben alleen al het voedsel, dat men hun geeft, en groeien veel sneller.

De spijs, die zij de eerste dagen noodig hebben, is brood met harde eieren, geheel weinig in eens maar alle twee uren, na vier of vijf dagen alle drie uren, later drie maal daags.

Na den vijfden dag krijgen zij min eieren, maar bij 't brood kan men overschot van gesmolten vet en geerstebloem mengelen. Na den tienden of den twaalfden dag hebben zij geene eieren meer noodig.

De eendekiekens zijn uitnemend teer en indien men hun de hen afneemt, moet men voor de veertien eerste dagen, eene kunstmoeder bereiden, het is te zeggen een kistje met eene kruik of blikken doos gevuld met warm water.

Eene doos van vijftig centimeters lang en zoo veel breed is groot genoeg voor tien tot twaalf eendekens; de bodem ervan moet voorzien zijn van gesneden hooi, dat men iederen dag zal vernieuwen; vijftien of twintig centimeters hoog zijn er kleine openingen, tegen de ratten met traliewerk voorzien; van voren is er eene val en langs boven maakt men twee of drie koorden vast, die eene kruik zullen ophouden met tien liters warm water. De kruik moet iets leeger dan de luchtgaten hangen; tweemaal daags wordt zij met warm water gevuld en men draait ze in een wollen deken : ziedaar wat de kunstmoeder is.

De twee of drie eerste dagen laat men op het uur der maaltijden de kiekens uit; later blijft de val open en de eendekens gaan uit en in, gelijk zij willen;

de doos moet met eene dikke plank gesloten zijn, om langer de warmte binnen te kunnen houden.

's Avonds mag men niet vergeten de doos met de val te sluiten, noch de luchtgaten te openen. Naarmate de kiekens groeien, en bijzonderlijk wanneer de nachten niet meer koud zijn, maakt men ze aan hunne eigene warmte gewend; na drie of vier weken moeten de kruiken met geen heet water meer gevuld worden.

Wat gij nu moet doen, hangt af van de bestemming uwer kiekens, naarvolgens gij ze schikt te verkoopen voor het gebruik, of dat gij zinnens zijt ze te houden en voort te kweeken.

In het eerste geval zult gij de jonge eenden in een grasperk opsluiten en ze niet meer water geven dan zij volstrekt noodig hebben. Hun voedsel zal bestaan in geerstemeel, een weinig vet en aardappelen, alles wel dooreengemengeld; men mag er ook wat gebrokene Turksche tarwe bij doen. Na de eendekiekens vier weken alzoo gevoed te hebben, zult gij ze weerdi vinden van op uwe tafel opgedischt te worden.

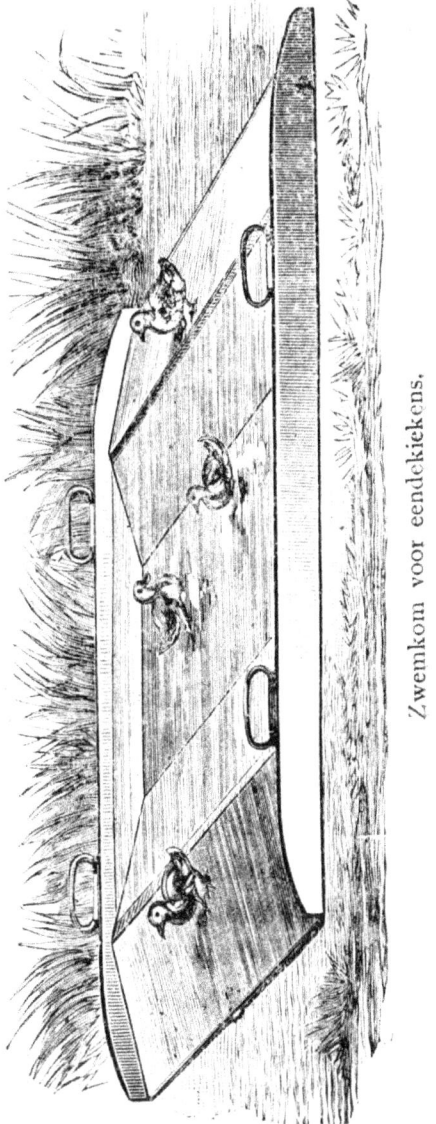

Zwemkom voor eendekiekens.

In het tweede geval moeten zij veel water hebben, want lichaamsbewegingen zijn hun volstrekt noodig. Hiernevens een zwemkom met gemakkelijken in- en uitgang en zonder het minste gevaar voor de eendekens van te verdrinken, zooals het maar te dikwijls gebeurt in schotels met steile boorden. Voor voedsel geve men geerstemeel en beenderenpoeier, beenen moeten zij volstrekt hebben; ook wat aardappelen, maar weinig en met zemelen gemengd. Dit mengsel mag niet te nat zijn, maar ook niet te droog. De eendekiekens, zoo lang zij alle hunne pluimen niet hebben, worden 's nachts opgesloten.

Alzoo behandeld, brengen de eenden veel geld op, wel te verstaan indien zij gedurende den dag water hebben om te zwemmen. Zij moeten opgesloten blijven 's morgens tot elf uur : losgelaten, zoeken zij zelven hunnen kost en moet men hun geen voedsel meer bereiden. Indien men ze geen vrijen loop kan geven en ze al het voedsel moet toedienen, zullen zij goed verzorgd ook wel eenige winst bijbrengen, doch op veel mindere schaal (1).

---

(1) Volgens de *Vogelwereld*.

TWEEDE HOOFDSTUK.

De Gans.

TWEE dingen zijn voor de ganzen onmisbaar : groote rust en veel water. De gentèn, die gedurende geheel den zomer en den herfst in vrede en goede overeenkomst leven, worden met de eerste koude twistziek en binst den legtijd houden zij niet op te vechten. Het gevolg van dat strijden zijn de onbevruchte eieren.

Eene hoeve, niet wel voorzien van water, is niet geschikt voor den kweek, want deze vogel, bijna gelijk de eend, zwemt, verkoelt en verfrischt zich geerne, duikt met lust in de diepte en vochelt (1) liefst in 't water. Zonder water dus geene bevruchte eieren.

Waar er water is, behoeft men niet meer dan éénen gent te hebben voor vijf ganzen, anders mag hij er maar drie hebben. Eene gans van goede oriè zal van dertig tot vijf en dertig eieren leggen, wel te verstaan indien men de dieren in goeden staat onderhoudt, dat is, indien zij overvloedig groenten

---

(1) SCHUERMANS, *Algemeen Idioticon*. Vochelen en Fochelen, voor vogelen, d i. treden, bevruchten (omstr. St-Truiden en elders); POMEY heeft vo chel voor : gevogelte; in Holl.-Limb. zegt men : gevucht.

KRAMERS *Wdb*. Cocher v. n. Treden, betreden (van den haan en ook van andere vogels).

hebben, eenen vrijen loop, goed graan en water. De genten moeten twee jaar oud zijn wanneer ze bij de ganzen komen, anders heeft men niets dan klare eieren.

Bij jonge ganzen is het geheel moeilijk de geslachten te onderscheiden.

Gans uit de omstreken van Toulouse.

De gewone ganzen, die niet met die uit den omtrek van *Toulouse* gekruist zijn, hebben witte genten; de gans is nooit geheel en gansch wit. De Toulousche gent en gans verschillen niet van elkander; het is enkel wanneer zij schier volwassen zijn, dat men ze kan onderscheiden aan hunnen gang en aan geheel hunne lichaamshouding.

Wanneer de legtijd aanbreekt, raapt de gans stroohalmen om zich een plat nest te bereiden; het is goed alsdan in haar bereik wat stroo te houden, alsook wortelen van netels, voedsel en een groot vat water, waaruit zij kan drinken en waarin zij zich kan wasschen. Zij broedt niet min dan zeven of negen, en niet meer dan vijftien eieren; geheel dien tijd, van zes-en-twintig tot twee-en-dertig dagen, verlaat de gent het wijveken niet. Indien eenige gansjes vóór de andere uitkippen moeten zij weggenomen worden, anders zou de broeigans er mede het nest verlaten en de overige eieren laten liggen.

De dons, waarmede de gansjes uit het ei te voorschijn komen, is licht, en niet voldoende om hen tegen de koude te beschutten; hierin moet dus op eene andere manier voorzien worden.

De gans is een zeer voordeelige vogel, omdat hij weinig zorg vraagt; hij houdt ook goede wacht, ja, beter dan de honden, gelijk weleer de ganzen van het raadhuis te Rome de aankomst van de vijanden seinden door hun gekwaak.

De ganzen, die in de oude godenleer aan Juno toegewijd waren, had men na den slag van Allia in het Capitolium beveiligd. Zeven maanden lang bleven de overwinnaars op de puinhoopen der eeuwige stad de overgave van het Capitolium afwachten. Een jonge Romein geraakte dweers door de Gallische wachten, beklom langs den toegangelijksten kant de Tarpëische rots en keerde weder langs denzelfden weg om te Ardea aan Camillus de raadverordening te behandigen, die hem tot algemeenen gezaghebber aanstelde.

De Gallische veldoverste had alles gadegeslagen; hij riep eenige koene krijgsmannen, wien hij de voetsporen van den onversaagden Romein deed opzoeken. Dank aan de duisternis van den nacht, konden de

Gallen, zonder gezien te zijn, de rots beklimmen, en reeds waren zij op het punt de kanteelen der sterkte over te stappen..... wanneer de heilige ganzen, den vijand gewaar wordende, met de vleugelen sloegen en hunne scherpe kreten lieten hooren.

Geen veldklaroen had ooit de mannen zoo ras te wapen geroepen : Manlius snelde toe, wierp de aanvallers omver en riep al wat beenen had ter hulp. Het Capitolium en Rome waren gered.

Uit dankbaarheid voor die groote waakzaamheid besloten de Romeinen dat, in alle openbare feesten, de ganzen op kostelijke draagbaren zouden rondgevoerd worden.

Nu nog zijn onze huisganzen, benevens den hofhond, de beste wachters der hofstede, en vergeet Medor zich soms voor een been, de ganzen zullen altijd onomkoopelijk zijn.

Is de kalkoen het gebruikelijke gerecht op het feestmaal van Driekoningen, de vette gans moet er zijn op Kerstdag. Ongelooflijk is het getal vette ganzen, die rond Kerstdag te Oostende ingescheept worden, en waarlijk men weet niet van waar zij vandaan komen, want in ons land worden er tot hiertoe maar zeer weinig gekweekt.

Wanneer de ganzen vier maanden oud zijn, kiest men ze uit; voor die, welke moeten gemest worden, neemt men de schoonste en grootste. Deze worden dan in eene kevie in eene rustige en warme plaats gezet, wel onderhouden en gevoed, de jongste dertig dagen en de oudste twee maanden. Zij krijgen drie maal daags gerste- en tarwemeel en zemelen, geweekt in water, en dit zoo veel als hun lust, want de gerst geeft vet vleesch en de tarwe maakt vette en eenen grooten lever.

Velen meenen dat, hoe meer leed men de ganzen

aandoet, hoe grooter hun lever zal zijn. Daarom pluimen zij den buik en het hoofd, trekken de schachten uit de vleugels, ja gaan zelfs zoo ver hun de oogen uit te steken. Onnoodig te zeggen dat dergelijke barbaarsche en gruwelijke kwellingen totaal af te keuren zijn.

De overmaat van vet bij de gans verandert geheel het lichaamgestel. Ganzen van welke men den kop afkapte, hadden niets dan een wit vocht in de aderen en geen enkelen druppel rood bloed. De lever vermeerdert op wonderbare wijze en wordt grooter dan al de andere organen te zamen genomen; die lever, door de lekkerbekken met recht zoo geprezen, was reeds gezocht ten tijde van de oude Romeinen.

Plinius aanzag het als eene zeer belangrijke zaak, te weten, aan wie zij die spijs verschuldigd waren; hij meende die eer aan eenen consul te moeten toekennen. Men maakte een aas van droge vijgen en van deesem om de ganzen ermede te kroppen, maar het was onze hedendaagsche beschaving, die de berdelkens uitvond, waaraan zij genageld worden, en meer andere verfijnde folteringen. Veel drinken helpt machtig tot het vetten.

Ganzensmout werd door de ouden als geneesmiddel tegen de zenuwen en als huidverfraaiend middel geprezen. Willugby geneest de geelzucht met gedroogd ganzenmest in poeder gestampt en waarvan men 's morgens een vierendeel loods nam met witten wijn. Aldrovandus, van zijnen kant, somt eene geheele reeks ziekten op, waartegen ganzensmout als geneesmiddel kan gebruikt worden.

De gans is hard en moeielijk om te verteren, hetgeen niet belet dat jongen van twee maanden om hunne lekkerheid geprezen worden, terwijl de oude, als zij met kastanjen zijn gevoed, 's winters ook een kostelijk gerecht uitmaken.

Het kostelijkste wat de gans ons geeft is nochtans zijn dons. Zoohaast de jonge ganzen kloek en wel in hunne pluimen gekomen zijn en dat de vleugelvederen over malkander beginnen te kruisen, worden zij onder den buik, onder de vleugelen en in den hals ontpluimd. Dat gebeurt wanneer zij zeven weken of twee maanden oud zijn, gewoonlijk op het einde van Mei of in het begin van Juni. Vijf of zes weken later, dit is in Juli, en ook in September, zoo tot driemaal toe, wordt dat oogsten van pluimen vernieuwd. Geheel dien tijd loopen zij zeer mager, doch wanneer de pluimen wederom aan 't groeien zijn, hernemen zij hun vleesch en zelfs hun vet, en in 't midden van den winter zijn zij reeds weerdig van onze disschen.

In de koude streken is de ganzendons beter en fijner. Het geld, dat de Romeinen voor den Germaanschen dons betaalden, is meer dan eens de schuld geweest dat grenzen slecht bewaakt werden, want de krijgslieden, hunkerig naar dien hoogen prijs, blauwden hunne wacht om op de ganzenjacht te gaan. David, in zijne *Vaderlandsche Historie,* vertelt ook hoe Rome handel in ganzen dreef met het verre Menapië.

Eindelijk hebben de ganzen, tot in de laatste jaren, aan den mensch zijne schrijfpennen gegeven. Hoe hooveerdig zouden de ganzen geweest zijn, hadden zij geweten dat hunne vederen, in zoovele koningshanden, tronen gingen doen beven en het lot der volkeren beslissen! hadden zij geweten dat zij het middel waren waardoor de geleerden hunne edele gedachten aan de nageslachten gingen overzetten! Neen, nooit hebben zij kunnen denken dat hunne pennen in zoovele musea op eereplaatsen bewaard zouden worden!

In den tijd van Columelle waren er reeds twee soorten van ganzen : de witte en de grijze, en volgens Varron was de eerste de vruchtbaarste. Weineigen tijd na hem schreef Gessner nochtans dat men in Duitschland goede redenen had om aan de grijze de voorkeur te geven; volgens hem waren zij taaier en kloeker en niet min vruchtbaar. Aldrovandus zegt dat ook in Italië de witte ganzen, het vroegst door den mensch tam gemaakt, veel van hunne krachten verloren hadden, en volgens Buffon waren, in zijnen tijd, de grijze zoo goed als de witte.

VIJFDE BOEK

HET KUNSTMATIG UITBROEIEN EN OPKWEEKEN

EERSTE HOOFDSTUK.

De Broeiovens.

OM kunstmatig eieren uit te broeien en de hulp der broeihen te kunnen missen, moeten de eieren op eene andere wijze dezelfde warmte verkrijgen, die de hen hun zou geven. Zoo is het onverschillig die hitte te ontleenen aan de zon of aan het vuur, ze door een ander dier of door den mensch te doen geven, ze te vinden in eene lage run of mest. Maar meester moet men er van zijn om er genoeg en niet meer van te verschaffen dan noodig is, en te maken dat ieder ei, ja zelfs ieder deel van het ei, het zijne krijgt. Daarenboven moet men de eieren beschutten tegen te groote vochtigheid en alle schadelijke uitwasemingen, als die van houts- en steenkolen, ja zelfs voor bedorvene eieren enz.

Naar alle waarschijnlijkheid is dit nieuw middel om eieren uit te broeien eerst in de hersenen van eenige Egyptische priesters ontstaan. Ten tijde van Plinius legden de Egyptenaren hunne eieren op stroo, in heete ovens, en nu nog wordt die manier van eieren uit te broeien gevolgd door arme duivels van boeren, die *Behermiers* geheeten worden, naar den naam van hun geboortedorp, dat *Béomé* is, en niet ver van Kairo ligt (1). De Behermiers zijn aangestelde werklieden en deelen met hunne rijke meesters de verworvene winst; gewoonlijk voor vijftien of twintig dorpen is er maar één broeioven, *mamal-el kalaegt* of *el-farroug* in de streek genoemd. De inwoners ervan brengen daar hunne eieren, krijgen een ontvangstbewijs en na twee-en-twintig dagen mogen zij zooveel keeren twee kiekens komen halen als zij drie eieren aan den broeioven toevertrouwd hebben.

Vrouwen zorgen de twee of drie eerste weken voor de uitgekipte kiekskens, houden ze zoo droog en zoo warm als zij kunnen, gedurende den dag in de zon op het platte dak der oostersche woningen, en 's nachts binnen huis. De hun toevertrouwde diertjes zijn niet zelden boven de drie of vier honderd in getal.

Vanouds heeft de Chinees ook zijne broeiovens, die bij hem *Pao-gang* genoemd worden. In het jaar 1865 werd in de provincie Hou-Pé, op een uur van Han-Keou, eenen nieuwen *Pao-gang* gemaakt, waarvan wij hier de beschrijving geven : (2)

Het is eene leemen hut, drie meters hoog onder het dak, zeven meters acht centimeters lang en vier meters breed. De muren er van, al binnen met eene goede laag stroo bekleed om tegen den kouden wind te beschutten, zijn tien centimeters dik; de deur hangt in 't Zuiden, en in het dak, dat tachtig centimeters in de hoogte meet, bevinden zich vier kleine openingen door dewelke het licht binnen kan dringen.

Tegen de muren langs binnen staan achttien leemen ovens van vijf- en tachtig centimeters breedte

---

(1) MALÉZIEUX. *Manuel de la fille de basse-cour*.

(2) DABRY. *Bulletin de la Société d'acclimatation*. Paris 1865, 2me série, T. II, p. 394.

en evenveel centimeters hoogte. Zij hebben elk eene deur van drie-en-dertig centimeters hoog op twee-en-dertig breed; in iederen oven staat een groote aarden pot, vijftien centimeters dik en zestig diep; op den bodem heeft men eene laag assche van zes centimeters, waarop een rieten korf rust waarin op een weinig stroo de eieren liggen. Iedere mand sluit met een strooien deksel van één centimeter dikte in 't midden en vijf centimeters in den omtrek; twaalf honderd eieren worden ineens aan de ovens toevertrouwd. Voor 't gemak van 't werk is de kamer in drie verdiepen verdeeld door twee planken vloeren, waarvan de eerste twee meters twintig centimeters boven den grond ligt, en de tweede tachtig centimeters boven den eersten; beide hebben twee meters breedte.

Negen ovens worden te gelijk gestookt, acht nochtans zijn maar van eieren voorzien, de negende dient om de kamer regelmatig te verwarmen. Niets dan hout wordt er gebrand, en in de korven is altijd eene hitte van acht-en-dertig honderdgradige graden. Om zich ervan te verzekeren gebruiken de Chineezen geen warmtemeter, maar alleenlijk de bloote hand; het vuur wordt geregeld naar de warmte, die in de kamer heerscht, en zoodanig dat zij in al de korven gelijk is.

De ovenman verandert de eieren van plaats vijf maal in vier-en-twintig uren, viermaal gedurende den dag en eens des nachts; de bovenste zijn dan in de korven de onderste, de leegste liggen in 't midden, en de middenste zijn al boven. Hij bedient zich van het deksel van den korf om die verplaatsingen te doen.

Den vijfden dag steekt de Chinees met een scherp werktuig eene kleine ronde opening in de deur en bij den indringenden lichtstraal onderzoekt hij al de eieren; deze die niet bebroed zijn legt hij van kant.

Den twaalfden dag haalt hij de eieren uit de korven, legt ze op den planken vloer bedekt met twee stroomatten, waarvan de onderste drie centimeters dik is. Zij liggen in lagen de eene boven de andere en wel onder een katoenen deken, dat op de kanten zesdubbel is en in 't midden dicht met eene strooien koord toegebonden, om alle koude lucht er uit te houden. Nu ook worden de eieren vijf maal daags verlegd, die van 't midden op de kanten, en die van de kanten in het midden. Zoo haast de eieren uit de korven gehaald worden, mogen de negen eerste ovens uitgaan en de negen andere worden aangestoken.

Den een-en-twintigsten dag komen de kiekens uit den dop, en tenzij een westwind alles doet mislukken, zullen uit duizend eieren ten minste zeven of acht honderd kiekens te voorschijn komen.

De *Pao-gangs* gaan open in April en sluiten in Augustus. De broeiovens koopen de eieren voor zes *sapeken* en verkoopen de uitgekipte kiekens voor veertien *sapeken*. Duizend twee honderd vijftig *sapeken* worden te Han-Keou tegen acht frank uitgewisseld.

De Egyptenaren en de Chineezen broeien hunne eieren uit door middel van het vuur, maar de Indianen hebben niet anders noodig dan de natuurlijke warmte van den mensch. Inderdaad op de Philippijnsche of Manilische eilanden (Spaansche groep in 't Westen der Australische eilandzee), zijn er menschen die uitgaan om eendeieren te broeden, juist gelijk er bij ons mannen zijn die rondgaan om potten te vertinnen, scharen te slijpen of schoorsteenen te vagen.

De broeier slaat nabij het huis, in eene zonnige

plaats buiten allen wind, eene hut op, die niet slecht aan eenen bijenkorf gelijkt. De eenigste opening, die hij er in laat, is deze waar hij doorkruipen zal om in zijn kotje te geraken.

Hij krijgt duizend eieren mede, meer kan hij in eenen keer niet uitbroeden, ook eenige vodden en eene rijstbaal droog gemaakt bij het vuur van den huisoven. Binnen verdeelt hij zijne eieren, en sluit ze tien te zamen omringd door eene zekere hoeveelheid stukken der baal, in zijne vodden. Vervolgens neemt hij nog een goed stuk van de baal, dat hij in dikke laag in den grond van eene houten kist legt en hij plaatst de eerste eieren er op; hij zal nu nog wat stukken van de baal nemen, die hij met de overige eieren overhands, de eene boven de andere plaatst. Eindelijk met een laatste stuk baal en een goed deken overdekt hij alles.

Geheel den tijd van de uitbroeiing blijft hij in zijne hut opgesloten en de kist met eieren dient hem tot bed; door de opening wordt hem iederen dag zijn voedsel binnengeschoven. De eieren worden alle drie of vier dagen van plaats veranderd; de onderste worden beurtelings de bovenste.

Den achttienden of negentienden dag onderzoekt hij, bij 't licht dat door eene kleine opening schiet, zijne eieren om al de zwalpeieren (1) te verwerpen. Wanneer hij zijne keus gedaan heeft, mag hij uit zijn gevang komen. Later zal hij de kist halen, de doppen breken en de vogelkens voor den dag doen komen. De eendekiekens zijn zoo goed en zoo kloek alsof

---

(1) DE BO, *Westvlaamsch-Idioticon*. *Een lot ei*, een zwalpei, een ei dat bebroed is, maar onvruchtbaar gebleven; ook een bedorven ei, in 't algemeen.

zij onder eene eend of hen uitgebroed waren, en loopen aanstonds naar het water.

's Anderdaags scheidt de Indiaan de waarden van de wijfjes; de eerste worden gedood, de tweede alleen in het leven gehouden (1).

In een brandend klimaat, gelijk dat van de Philippijnsche eilanden, in eene dichtgesloten hut, onder eene blakende zon en daarenboven door de menschelijke levenswarmte geholpen, moeten de eieren, willen of niet, uitbroeden. Ook het wonderbaarste is hier de uitbroeiing niet, maar de behendigheid der Indianen om zoo verstandig gebruik te maken van de middelen, door de natuur hun ter hand gesteld.

Vroeg reeds heeft men in Europa ook proefnemingen gedaan om eieren zonder hen uit te broeden, eerst te Rome en dan te Athene, ook later gedurende de middeleeuwen op de eilanden van Malte en Sicilië, in Italië, en eindelijk in Frankrijk. In dit laatste land deden twee koningen broeiovens metsen, Karel VII te Amboise en Frans I te Montrichard.

In de jaren 1600, lezen wij in *Hofstede en Landthuys*, was het « een nieuwsgierighydt eyeren te willen uytbroeden sonder henne : ende hoe wel dat het selve geschieden mag, soo en is 't nochtans soo seker ende bequaem niet. Men legtse neven een, met het scherp opwaerts, in eenen oven, die tamelick werm is, op *Hoender-mist*, welcke alle ses dagen verniewt wordt, ende men legt onder en boven *sackskens van pluymen*, ende men verlegtse somtijds. Op den achtiensten dagh legt men die in werm water en den een-en-twintigsten helpt men haer de *Schalen* opbreken.

---

(1) DE LA GIRONNIÈRE. *Annales de l'agriculture des colonies et des regions tropicales.*

« Men magh 't oock op dese maniere doen : Op den selven dagh, dat men de hennen te broeden stelt, om dat men 't gedencken soude, indien men den dagh niet teekenen en wilde, gelijck als d'eieren : soo neemt soo veel eyeren als men de henne gegeven heeft, welcke men legt op *sachskens* of *hoendermist*, klein gesift, ende beset met *donst*, gelijck een nest.

« Voorts leght men noch eene lage van *donst*, op de sackskens, ende daer leght men de eyers op, soo dat se geheel ende wel gedeckt zijn. Als sij soo drie of vier dagen gelegen hebben, keert men die alle dagen eens om, soo soetelinck, dat se aen malkanderen niet en stooten. En de op den twintigsten dagh, als de kuyckens beginnen te pikken de schale, soo helpt men die, datse' er uyt raecken, ende dan geeft men die te bewaren de broedt-hennen, die der luttel hebben. Niet te min, daer en is, in alle dingen niet, dat de nature overtreft. »

Ja, de natuur overtreft alles, en nochtans welke moeilijkheden en welke onaangenaamheden in 't broeien onder de hen! Eene te zware en onbehendige broeihen breekt hare eieren en soms in 't uitkippen trapt zij hare kiekens dood. Hoe vuil maakt zij haar nest! Het ongedierte woekert in het kot en vergeeft de kiekens! En dat is nog niet al: hoeveel broeihennen verlaten hunne eieren niet of worden ziek op het nest? Ten aanzien van die moeilijkheden, wisselvalligheden en mogelijke tegenslagen, zal men altijd naar middelen zoeken om de broeihen te kunnen missen.

Het kunstmatig broeden heeft bijzonderlijk grooten vooruitgang gedaan sedert de wetenschappelijke navorschingen van Réaumur, de nieuwe proefnemingen van priester Coppin, de wonderbare pogingen van Dubois en Bonnemain. Maar het is eerst op onze dagen dat de broeioven om zoo te zeggen volmaakt werd en in volle vertrouwen aan iedereen kon aangeraden worden.

M. Joubert, voorzitter der landbouwacademie van Frankrijk, zegt dat « dit tuig nu het speelgoed van vroeger niet meer is, dat het geen gereedschap meer is dat uitsluitelijk in de werkplaats van den scheikundige kan gehanteerd worden; dat het geen van die kunstig samengestelde toestellen is, die een ervaren man alleen kan in 't werk stellen. Neen, het is thans een werktuig, dat op zijn plaats is in de eenvoudige landhoeve, zoo kloek en zoo onkunstmatig als de ploeg of de boterkern. Het mag aan de ongeleerdste boerenmeid, aan het onvoorzichtigste mensch toevertrouwd worden, zonder de minste vrees van het in zijne werking te storen. Schuifladen, die voorzichtig moeten uitgeschoven, met veel voorzorg moeten onderzocht, die behoedzaam wederom op hunne plaats moeten gebracht worden, zijn het niet. Niets is breekbaar : geen waterpeilglas, dat de hoogte van 't water in den ketel aanduidt; geen deelen die verloopen door het dagelijksch bezigen van den broeioven. Alles is zichtbaar en niets wordt verroerd erin, zonder dat het aanstonds onder de oogen valt. Al wat de meid moet leeren is de verdeeling van den warmtemeter.

Joubert sprak van Voitellier's broeioven, (1) en het is ook deze, dien wij zullen beschrijven. Niet dat er geene andere misschien al zoo goed of nog beter zijn, doch wij spreken van hetgeen wij kennen, want de vogelteelt is eene wetenschap die

---

(1) De heer LEO VAN SPEYBROUCK, bestuurder van 't *Vlaamsch Hoenderhof* te Kapellen, bij Antwerpen, zal bereidwillig alle gevraagde inlichtingen over Voitellier's toestellen geven.

zijne beweringen inzonderheid op de ondervinding staaft.

Al buiten gezien is Voitellier's broeioven eene vierkanten houten kist, kloek gemaakt, zonder nuttelooze versiering, zonder kunstig bijwerk, en die niet gemakkelijk in wanorde geraakt, op voorwaarde er met geene zorgloosheid mede te werk te gaan. Al wat men ziet is van onder eene kraan, om het water af te tappen en van boven een dubbel glasraam, waardoor men eieren en warmtemeter op alle oogenblikken en zonder iets open te doen, kan gadeslaan.

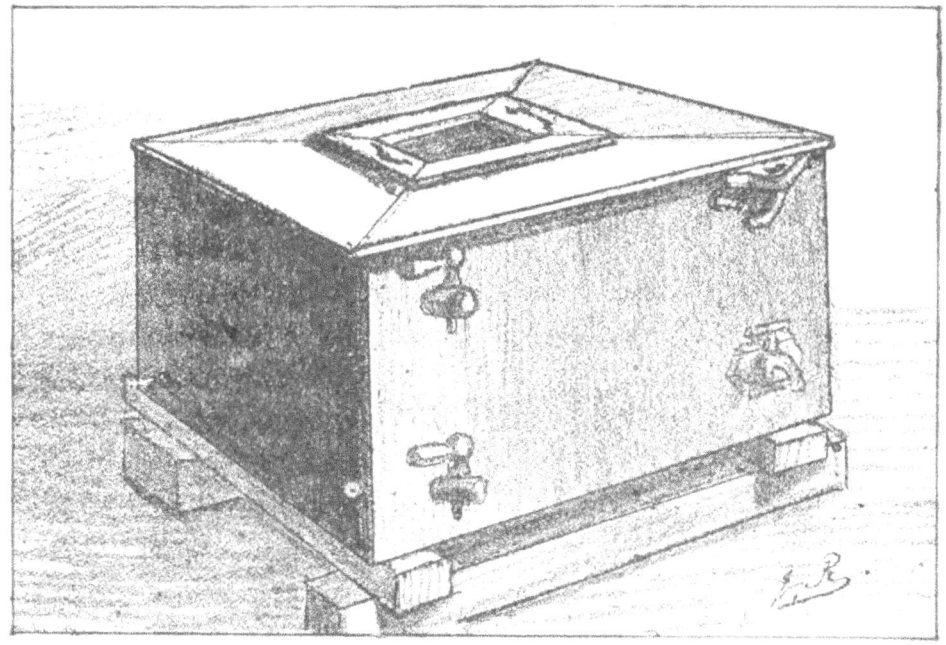

Broeioven.

Langs binnen is er een ronde zinken waterbak met dubbele wanden. Die hoepelvormige dubbele wanden worden met heet water gevuld; in 't midden is eene groote ruimte, waarin de eieren gelegd worden en tusschen den buitensten wand en de zijkanten van de houten kist wordt eene goede laag zaagmeel gestopt om alle warmteverlies te beletten.

Regelmatige vochtigheid wordt in den oven onderhouden door eene laag nat zand, drie of vier centimeters dik, op den grond van den broeioven gestrooid; dit zand mag men nooit droog laten komen. Gekapt stroo bedekt het zand, en hierop liggen de eieren. De luchtverversching is verzekerd door twee kleine pijpen, die ontstaan op den bodem der kist, langs den waterbak opgaan en een weinig boven de eieren uitkomen.

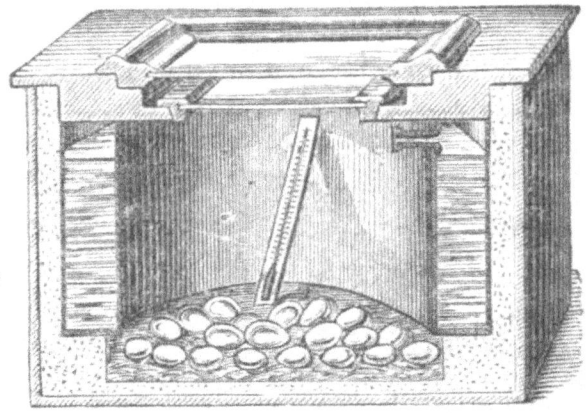

Doorsnede van den broeioven.

De broeioven behoeft geene warme plaats, maar eene waarin de luchtgesteldheid bijna altijd dezelfde blijft, het is te zeggen waarin het bij dag niet te heet en 's nachts niet te koud is. Een gestadige warmtegraad is te verkiezen, want alsdan zal het getuig beter in staat zijn en min oppas eischen.

De broeioven staat alleen op twee schragen van veertig centimeters hoog, opdat de lucht hem vrij van alle kanten zou kunnen omringen.

Wanneer de zinken bak voor den eersten keer met water gevuld wordt, is het hoogst noodig zoo haast mogelijk veertig warmtegraden van binnen te verkrijgen. Daarom zijn er twee derden kokend water noodig en een derde koud. Eerst zal men den bak van koud water voorzien omdat de hitte van 't kokend water het zink niet zou uitzetten, hetgeen misschien niet schadelijk, maar toch onnoodig is.

Twee of drie uren nadat het water in den bak gegoten is, moet de warmtemeter op zijn punt zijn. Intusschen worden de eieren in lauw water gewasschen en de dop van alle vuiligheid en vette stof gezuiverd; bij het afdrogen mogen zij niet te hard geschud worden om de eikiem niet los te maken.

's Morgens en 's avonds de eieren op hun stroobed keeren is voor sommige lieden een lastig werk, want dat kan niet verricht worden zonder zich te buigen; om hun die moeilijkheid te sparen zijn de draaiende laden uitgevonden.

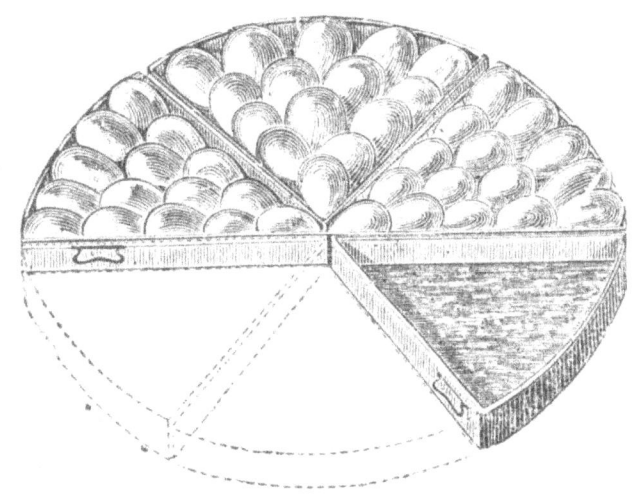

Draaiende lade.

Deze kunnen nu ook gevuld worden terwijl de oven warmt. Het is wel waar dat de oven min eieren zal kunnen bevatten (de hoeken van iedere lade en de dikte van de zijkanten beslaan immers ook eenige plaats), maar de zekerheid van te gelukken en het grooter getal uitgekipte kiekens mogen stellig ook voor iets gerekend worden.

Daarenboven vergemakkelijken die laden de werking zoozeer dat niemand ze zal willen missen.

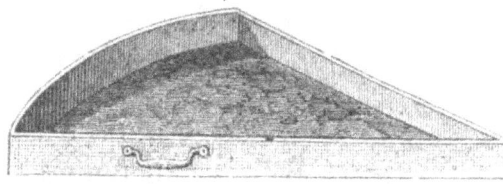

IJdele lade.

's Morgens en 's avonds worden ze uitgehaald en om de eieren te keeren plaatst men eene ijdele boven eene met eieren gevulde lade en men keert ze beide om. De eieren worden in eene en dezelfde wenteling omgedraaid, zonder schokken en zonder vrees van breken.

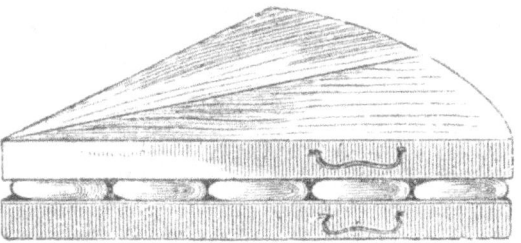

Gevulde lade.

De eieren verkoelen daarenboven buiten den broeioven in eene zuivere lucht en de oven zelf behoudt zijne hitte.

Zoohaast de laden in den oven geplaatst zijn, valt de warmtemeter eenige graden lager, want de eieren slorpen eene groote hoeveelheid warmtestof op eer zij de hitte hebben, die hen omringde. Besluit daar niet uit dat het water te koud geworden is en zorg vooral er geene te groote hoeveelheid warm water bij te voegen. Wacht totdat het uur daar is, waarop gij het koud water aftapt en het warm ingiet, en gij zult 's anderdaags kunnen bemerken dat de broeioven bijkans gestadig denzelfden warmtegraad behouden heeft. Overgroote hitte is bijzonderlijk te vreezen; het verkoelen, voornamelijk in 't begin van 't broeien, is om zoo te zeggen onschadelijk.

De warmtemeter, die doorgaans als eene bijzaak wordt beschouwd, is nochtans een volstrekt noodzakelijk tuig, en zonder hem is het welgelukken eene onmogelijkheid. Een juiste warmtemeter is zeer zeldzaam en het is van zijne juistheid nochtans dat de goede werking van den broeioven afhangt. Ook is het niet gelijk hoe gij hem in den oven plaatst, en van de wijze, waarop hij er in gezet wordt, hangt ook de toekomst af van het uitbroeien.

De nauwkeurigheid in het maken van eenen warmtemeter is dus eene hoofdzaak. De man, die hem verveerdigt, geraakt maar tot de volmaaktheid door overgroote zorgen, door het gedurig vergelijken van zijn werk met proeftuigen, die aan de vereischten der wetenschap voldoen; door de aanteekeningen er van lange dagen gade te slaan, en slechts tevreden te zijn wanneer alles juist is. Dat alles legt den hoogen prijs uit der goede warmtemeters en doet de goedkoope verwijzen.

Daarenboven is het niet gelijk waar en hoe de warmtemeter in den broeioven geplaatst wordt. De kwikbol moet altijd op dezelfde hoogte zijn als de eieren, het onderste er van mag op de eieren niet rusten en nog min lager staan. De warmte stijgt altijd, want warme lucht is lichter en koude zwaarder; alzoo zal het boven in den oven warmer zijn dan beneden; dus moet er een verschil bestaan in de aanteekeningen van den warmte-

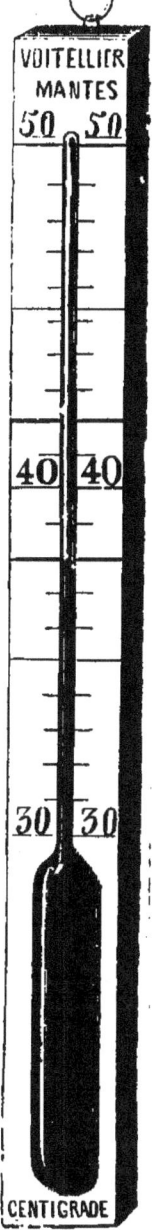

Warmtemeter.

meter boven en beneden de eieren. Om de hitte der eieren te kennen is het noodig die in 't midden van den hoop te nemen, daarom zal de warmtemeter in hun midden staan en op dezelfde hoogte.

Nooit zal de warmtemeter in den broeioven boven de veertig graden klimmen en de middelmate van acht-en-dertig of negen-en-dertig graden zal 's morgens en 's avonds wel onderhouden worden. Indien men hem op dit punt vindt, zal het een bewijs zijn dat hij gedurende de twaalf uren den vereischten graad behouden heeft.

Verwonderd zal menigeen zijn, dat men zonder lamp of vuurpan die regelmatige hitte in den broeioven kan behouden. Maar die verwondering zal een einde nemen, eens dat alles wel onderzocht is en klaar zal het worden, dat het moeilijker is den warmtemeter te doen afwijken dan hem op het goede punt te houden.

Onveranderlijk zal de warmtemeter den vereischten graad aanwijzen, indien het water stipt op tijd vernieuwd wordt. In plaats van 't verkoelde water wordt op tijd en stond kokend water in den zinken bak gegoten, en dat is genoeg om in den oven, waarin de eieren liggen, de middelmatige warmte te bewaren.

Kan voor 't warm water.

Zullen tien liters kokend water niet met éénen keer er in gegoten de warmte niet vermeerderen en oogenblikkelijk het broeisel in gevaar stellen? In het geheel niet, en ziehier waarom :

Op het uur dat men 's morgens of 's avonds eene hoeveelheid koud water aftapt om het door warm te vervangen, zal de warmtemeter u zeggen dat in de twaalf verloopen uren de hitte in den oven slechts twee graden gedaald is; maar anders is het gelegen met het afgetapte water, dat veel meer is verkoeld. Op denzelfden stond staat de broeioven open, de eieren worden gekeerd en eenen tijd verlucht; hij verkoelt geheel en gansch; de eieren zelven, wanneer zij wederom er in komen, zijn omtrent koud en zullen, om verwarmd te worden, veel hitte noodig hebben. Klaar is het dat bij het ingieten van het kokend water er eene uitdrijving van hitte is, maar de te groote hoeveelheid warmte is aanstonds opgeslorpt en geheel wel gekomen om al het warmteverlies te herstellen.

Men moet wel verstaan dat hier de warmte niet vermeerderd, maar dat alleenlijk de verlorene warmte teruggeschonken wordt; ook wanneer alles weer op goeden voet is, is er niets verschroeid, de kracht van 't dampende water is onschadelijk en de warmtemeter teekent den goeden graad aan.

Zeker kunnen bijzondere omstandigheden den regelmatigen gang van het toestel wat verhinderen: eene onverwachte vorst te midden van den nacht, eene groote vermeerdering van warmte buiten den oven, eene misvatting in 't veranderen van 't water. Hoe dan gehandeld? Sedert eenige dagen heeft men zorgvuldig het water vernieuwd, en niettemin komt de warmtemeter, die 's morgens veertig graden aanteekende tot drie uur 's namiddags, tot op negen-en-dertig graden en valt met den avond op zeven-en-dertig.

's Morgens waren acht liters kokend water in den bak gegoten; tap er 's avonds negen af en doe er zooveel kokend water bij. Die bijgevoegde liter zal genoeg zijn om de verlorene warmte te herstellen.

In graden verdeelde emmer.

Indien integendeel de warmtemeter hooger ging

dan het mag zijn, doe er min warm water bij en alles zal in regel komen. Het is dus noodig rekening te houden van alles wat eene wijziging kan bijbrengen, van de plaats, waar de broeioven staat en de veranderingen van het weder. Zeker en zuiver oordeel is er noodig; voor het overige is het genoeg drie keeren met den broeioven gewrocht te hebben om niet meer te kunnen missen.

Eindelijk zal men moeten zorgen dat er eene regelmatige vochtigheid in den oven onderhouden wordt. Alle mogelijke middelen zijn daartoe gebruikt geweest: watervaten werden te midden in de eieren geplaatst; natte sponsen er boven gehangen; vochtige vilten lappen er onder gelegd, en zelfs heeft men, bij perijkel van alles te overstroomen, groote kannen gebruikt van de grootte van den oven, bedekt met roosters, waarop de eieren lagen. Altijd was er te veel of te weinig vochtigheid en de verdeeling was geheel onvoldoende.

Eene lage nat zand op den grond van den broeioven kwam de zaak redden en voldeed aan iedereens verlangen. De eieren, op laden geplaatst, die men kan uitnemen en waarvan de bodem in hout is, raken aan het zand niet, en toch trekt de vochtigheid, dank aan de hitte, door de weinige opening der voegen en vervult de inadembare lucht van den oven.

's Morgens en 's avonds, wanneer de eieren uitgehaald worden, zal de bezorger het zand slechts moeten aanraken met zijne vingers om te gevoelen hoe droog of hoe nat het gebleven is. Indien het te droog is, zal alles met een glas water hersteld zijn; het is onverschillig waar het uitgegoten wordt; dank aan de werking, die bestaat tusschen vaste en vloeibare lichamen en tusschen de afzonderlijke deelen der vloeistoffen verdeelt het water zich overal om welhaast te vervliegen. Hier is dus ook geene zwarigheid en wil men goed zorgen en werkzaam zijn, het gelukken lijdt geenen twijfel.

Wanneer zal er nu leven in den broeioven komen? Dat hangt af van de eieren. Zijn ze van zwanen, het zal veertig dagen duren; van ganzen, van kalkoenen, van pauwen en eenden acht-en-twintig, en van hennen een-en-twintig.

Voor heneieren is het dus den twintigsten of een-en-twintigsten dag. Het schijnt zoo lang te duren eer die dag aanbreekt, en het is niet zonder angst dat wij ons over het glas van den oven buigen, om te zien of er daar geene verandering is.

De eieren leven, het gepiep der kiekens, nog in het ei, maken een vreemden indruk; wij hooren ze zonder ze te zien, maar het is genoeg om ons geduld te geven.

Moeten wij ze niet ter hulp komen? De broeihen is daar niet om met haren bek den dop te breken en de diertjes te verlossen. Zou meer warmte hun geen deugd doen? Moeten wij de eieren niet in warm water doopen?

Nuttelooze angst! Alles zal wel gaan en het kiekske, wanneer het geheel gevormd is, zal wel met zijn beksken den dop openbreken. Eenige natuurkundigen zijn nochtans van gevoelen dat het kieken, op het oogenblik dat het de lucht kan verdragen, eene zure vloeistof uit den bek laat vloeien, die de opening van den dop tot berstens toe uiteenzet. Zoo ware het misschien beter te zeggen dat de dop van zelf openbreekt.

Op dit oogenblik zijn veertig warmtegraden noodig; indien er meer zijn, kan het vlies, dat het kiekske omringt, in plaats van met den dop open te springen, opdrogen en wordt het hard als een hoorn. Indien er min zijn, is het kieken niet kloek genoeg om de noodige pogingen aan te wenden; de uitpikking vertraagt en kan geheel en gansch onmogelijk worden.

Water kan hier niet helpen : het druppeltje, dat op den dop valt, vervliegt aanstonds, de verdamping trekt het vocht mede, dat in het ei is, en na korte stonden is de dop veel droger dan te voren. Het beste is, het zand onder de eieren wel vochtig te houden met twee of drie glazen water er op te gieten of boven de eieren eene natte spons te hangen.

Met het openen van het eerste ei moet de broeioven maar juist genoeg openstaan om den tijd te hebben de eieren te keeren, ze nauwkeurig te onderzoeken en ze met de gepikte plaats omhoog te zetten. Deed men het niet en bleef het kieken in den oven met den bek al onder, de weinige vloeistof, die nog in 't ei is, zou in de kleine opening vloeien en misschien het diertje versmachten eer het de kracht heeft uit den dop te voorschijn te komen.

Het uitkippen gaat ras vooruit. In het midden van 't ei heft en splitst zich de gezwollen dop; de opening vermeerdert en de bek van het kiekske wordt zichtbaar; de dop kan aan de schokken van 't vogeltje niet weerstaan en berst geheel open.

Afgemat door de krachtsinspanning, is het kiekske nauwelijks uit het ei of het valt in slaap. Wanneer het daar zoo afgemat, met hangenden hals en half toegeslotene oogen ligt, schijnt het van alle leven beroofd. Bij het minste windje, het kleinste gerucht beurt het nochtans het hoofd op en tracht zich te rechten.

De broeioven is het beste nest voor de pas uitgekipte kiekskens. Deze, die 's morgens uit het ei gekomen zijn, zult gij in den oven laten tot 's avonds, en die, welke het nauwelijks sedert drie of vier uren verlaten hebben, geheel den nacht.

Zoo lang als er veertig graden warmte in den broeioven zijn, is alles opperbest; wanorde heerscht er misschien, gebroken doppen liggen overal, de warmtemeter staat geen oogenblik stil en wordt weg en weder geslingerd door de ongeruste vogeltjes. Niettegenstaande dit alles bemoei u met niets en kom maar in den uitersten nood er tusschen.

Het uur, waarop de broeioven dagelijks bezorgd wordt, is het gepaste oogenblik om alles in orde te brengen. Het kippen duurt gewoonlijk twee dagen; de eieren die niet gepikt zijn, moeten gekeerd worden en het uitbroeien gaat zijnen gang voort.

Wanneer de eerste kiekskens uit den broeioven worden gehaald moet men rekening houden in 't vernieuwen des waters, van de verkoeling van den oven en de hoeveelheid warm water desnoods wat vermeerderen. Eten hebben zij nu nog niet van doen, zij kunnen gemakkelijk vier-en-twintig tot dertig uren zijn zonder voedsel, hetgeen hun ten anderen op dit oogenblik zeer schadelijk zou wezen.

Van uit den broeioven gaan de kiekskens in de droogdoos.

Indien men zich de moeite niet geven wil 's morgens en 's avonds het water te vernieuwen, ook indien het heeten van water op een bijzonder komfoor soms eenige zwarigheden opleverde, dan gebruike men den « thermosiphon » of zuighevel, die warmte naar den zinken bak van den broeioven geleidt, alle verandering van water onnuttig maakt en van alle bekommernis omtrent de juiste warmte ontslaat.

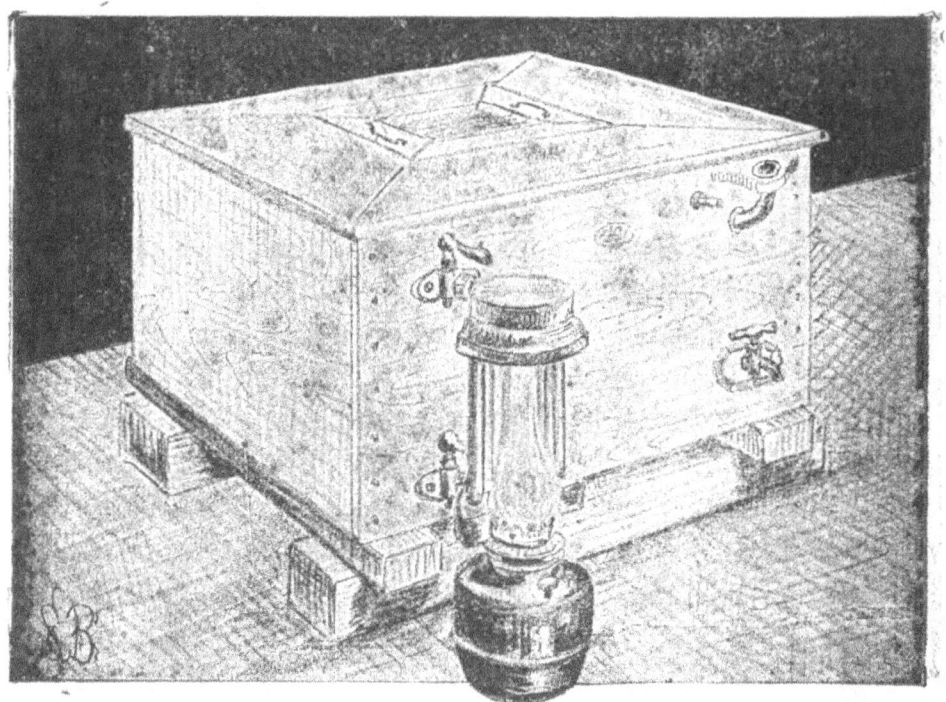

Broeioven met thermosiphon.

Het water van den zinken bak des broeiovens wordt door den thermosiphon verwarmd, en is gestadig in eene draaiende beweging. Geen dat boven de vlam der lamp niet komt; het verwarmde zet zich immers uit, trekt omhoog en vindt door de bovenste buis den gewenschten uitgang. Maar ook naarmate dat dit naar boven stijgt, volgt door de onderste buis het koude en dus zwaarder water, dat op zijne beurt ook heeter wordt en door de buis gezogen wordt. Zoo gaat de beweging onafgebroken voort.

De thermosiphon heeft daarenboven uitzettingbuizen langs waar de lucht uittrekt wanneer men het toestel met water vult, en langs waar de damp insgelijks eenen uitweg vinden kan. Ook zijn er oponthoudkranen, door dewelke men den omloop van 't water kan beletten. Zij hebben voor groot voordeel het verkoelen van 't water te beletten. De buizen van den thermosiphon zijn immers van zeer geringe dikte, en niet omringd van stoffen, die 't warmteverlies verhinderen.

Om den thermosiphon in werking te brengen is voor éénen broeioven van vijftig eieren ééne lamp met bek van tien strepen meer dan voldoende; de hitte zal regelmatig gedurende de een-en-twintig dagen dezelfde blijven en in vier-en-twintig uren zal het uitbroeien gedaan zijn. De lamp zuiveren en bereiden is al wat de man moet kennen, die voor den broeioven zal zorgen. Er is toch geen werkmanshuis of landbouwhof meer, waar men geene lamp kan gereed maken.

In de verst afgelegene dorpen gebruikt men petrolie, en zonder licht kan niemand meer leven. De lampekous recht

Lamp van thermosiphon.

afsnijden, den bek en den brander wel zuiver houden, het glas poetsen, den vergaarbak vullen — kinderen van zeven jaren worden daarmede belast en vinden geene zwarigheid in 't verrichten van dit werk. De onervarenste mensch zal hier gelukken en meer kiekens uitkippen dan de beste broeihen.

TWEEDE HOOFDSTUK.

De droogdoos.

DE droogdoos is eene rechthoekige kist bestemd om de kiekskens gedurende de twee eerste dagen van hun bestaan onder dak te houden. Zij is voorzien van eenen warmwaterbak, die min maar zachtere warmte geeft dan de broeioven. Ope-

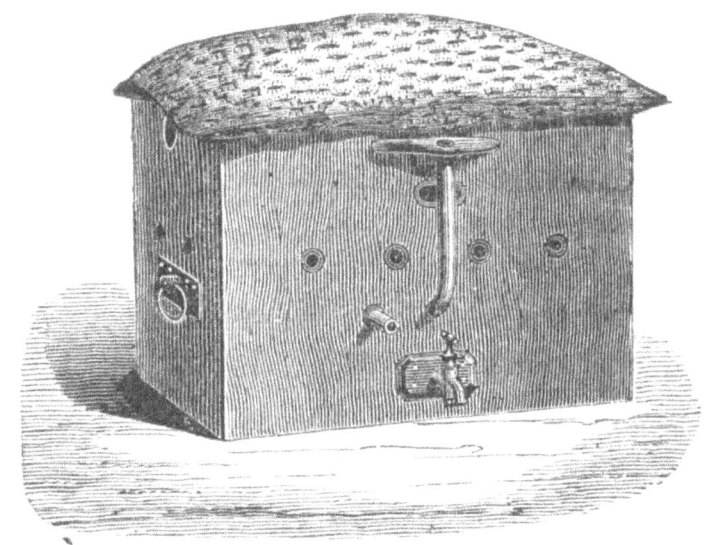

Droogdoos.

ningen al buiten laten de buitenlucht inkomen, om ze stillekens er aan te gewennen.

De droogdoos is bedekt met een donzen kussen en daar onder rust het kieksken zoo zacht als onder de pluimen der broeihen. In die wieg zijner eerste dagen verandert het geheel en al, en dat in korten tijd. Het kwam er in zwak en teer, verward, weinig aantrekkelijk, met slijmerige pluimen — en nu piept onder het dons een lief en levendig vogeltje. Zijn bevallig gemaaksel, zijne glanzige en zachte pluimen, alles is aantrekkelijk; de schoonheid en de goede hoedanigheden van 't ras kan men er reeds in vinden.

De droogdoos zal maar weinige dagen, bijzonder in den zomer, tot schuilplaats aan de kiekskens moeten dienen. In den winter zullen zij er wat langer in blijven, doch zoohaast zij alleen kunnen loopen en eten zullen zij aan de kunstmatige moeder toevertrouwd worden.

Droogdoos met wandelplaats.

Er bestaat nog eene andere droogdoos, die met veel voordeel voor de kiekens kan gebruikt worden.

Het donzen kussen is niet gelijk in de eerste aan beide zijden vastgemaakt, maar in een houten lijst gespannen, die nauwkeurig het maaksel der doos volgt. De twee kleine deuren, die er al voren in gemaakt zijn, geven toegang tot eene overdekte wandelplaats, voorzien van houten vloer en traliedeksel. Dit laatste is niet vast, maar kan inplooien en inschuiven gelijk eene lade. Deze droogdoos is ook veel in gebruik, maar meest gedurende het voorjaar.

Het gebeurt dat de kiekskens reeds daags na dat zij uitgepikt zijn, moeten verzonden worden. Daarvoor hebben wij ook eene bijzondere doos, uitsluitend tot de verzending van kiekskens bestemd.

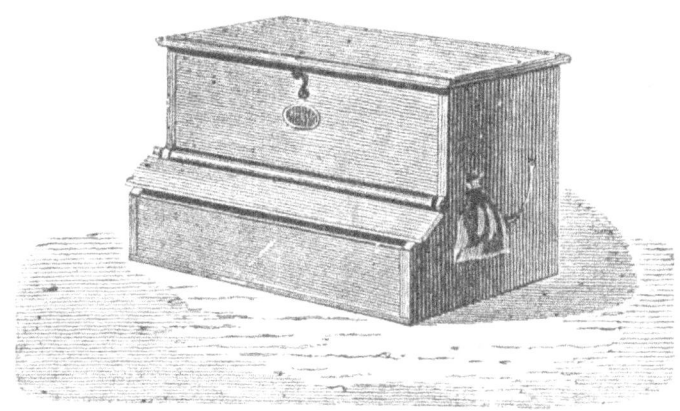

Verzendingdoos.

Die doos bevat in het bovenste deel een donzen kussen, boven de kiekskens door eene lichte stof opgehouden. Langs buiten is er een eetbakske met een beweegbaar deksel, dat men zonder moeite opheft wanneer men ze eenig voedsel wil geven.

De diertjes zitten op een droog strooien bed in de doos en het bakske is wel gevuld, doch dat is niet genoeg indien zij ver moeten reizen. Daarom zal men aan de doos een zakje met vogelzaad vasthaken met het volgende opschrift : *Vriendelijk verzoek de kiekskens van dit zaad te geven*. Het is ook goed een zakje met geweekt brood er bij te voegen, ten einde den dorst der kiekskens te laven.

De bedienden van den ijzerenweg voldoen bereidwillig aan dit verzoek en op al de stilstandplaatsen deelen zij het zaad van het zakske uit.

DERDE HOOFDSTUK.

De kunstmatige moeder.

DE kustmatige moeder bestaat uit drie deelen : het eerste is een beweegbare planken vloer waarop de kiekens rusten; met fijn zand of gekapt stroo bedekt, zal men hem gemakkelijk kuischen. Het tweede is de houten omgeving, die

Kunstmatige moeder.

de kiekens belet den plankenvloer te verlaten. Die omzetting is van drie deuren voorzien, waarvan eene getralied, om langs daar de lucht te laten indringen.

Het derde en bijzonderste deel is een zinken bak door eenen in hout omsloten. Tusschen de twee al boven en op de zijden ligt eene goede laag zaagmeel, om alle warmteverlies te beletten en al binnen op den bodem een zacht stuk fluweel.

De kiekens gaan door die deuren en schuilen onder het fluweel. Dit is altijd warm, daar het tegen de wanden van eenen ketel ligt vol kokend water; het deelt hun eene zachte warmte mede en strijkt hunne pluimen. De broeihen zou het niet beter doen.

Iederen morgen vult men den bak met kokend water en opent men eene of twee deuren, opdat de kiekens vrijen uitgang zouden hebben en niet tegen dank opgesloten zouden zitten in een al te warm kot. Ook zoohaast zij de verwarming van den ketel gevoelen spoeteren zij uit en vliegen naar den blok, waarop het voedsel ligt. Is het weder koudachtig, zij pikken twee of drie keeren en haasten zich weer naar binnen.

's Avonds mag men geen kokend water in den bak gieten : dat van 's morgens is nog heet genoeg en de kiekens, in die kleine ruimte opeengehoopt, geven warmte genoeg om al andere te kunnen missen. Zelfs één uur of twee nadat ze slapen zijn is het geraadzaam de hand in hun midden te steken om te weten of zij niet te warm hebben. In dit geval ware het noodig den verwarmbak wat te verhoogen. Die voorzorg, zoo onbeduidend in den schijn, verdient nochtans de aandacht van den kweeker. De kiekskens kunnen de warmte niet ontberen, maar niets is hun noodlottiger dan de overmaat van hitte en het meeste deel der ziekten, die hen wegrukken, vinden er hunne oorzaak in.

Ingezien de groote hoeveelheid jonge kiekens in de kunstmatige moeders door zorgeloosheid versmacht en de moeilijkheid om gestadige en groote luchtverversching te verschaffen, heeft de heer Voitellier eene nieuwe kunstmatige moeder vervaardigd, die dezen keer met briketten of koolklompen van koolgruis verwarmd wordt.

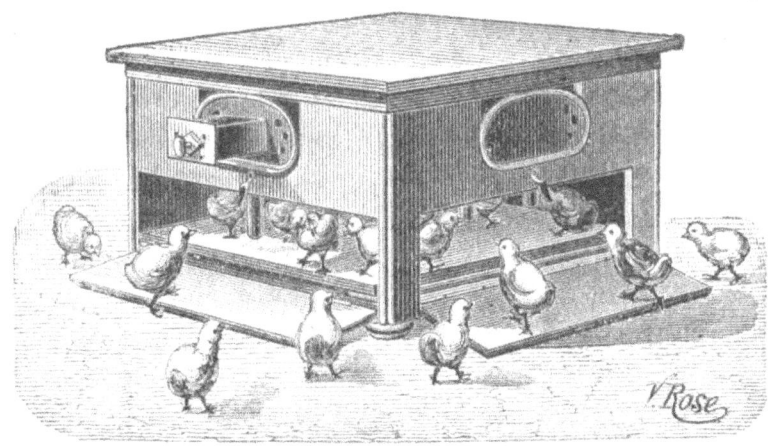

Kunstmatige moeder door briketten verwarmd.

De leiding er van is uiterst gemakkelijk. Het is genoeg 's morgens en 's avonds een briket, om 't even op welk vuur, te ontsteken en het wel in brand in de schuif van het vuurkastje te plaatsen. De kiekens dringen tegen de stijlen, die het stoofje dragen, en vinden er altijd eene weldoende warmte. Daar de warmte in 't midden van de kamer is, behoeven zij zich niet in eenen hoek op een te hoopen.

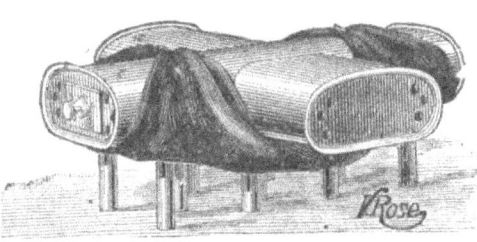

Vuurkastje in de kunstmatige moeder.

De kweekdoos met glazenramen heeft haar bijzonder nut op het einde van den winter, wanneer de kiekskens zoo moeilijk binnen huis of in de stallen opgekweekt worden. In de stallen, gekwollen door de jicht, vallen zij gelijk de hagel; binnen huis is het de tering, die ze van 't leven brengt. De winter nochtans brengt meest winst in het kweeken, en dank aan die glazen kweekkisten zijn vele pachteressen vroeg in 't jaar met schoone kiekens op de markten.

De kweekkas is geheel met planken bevloerd. In het overdekte deel kan eene kunstmatige moeder staan, die geheel de kas zal verwarmen. In koud of

Kweekdoos met glazen ramen.

regenachtig weder dient ze tot schuilplaats; gedurende de schoone dagen staat zij open, lucht is er in overvloed en de zon verkwikt de diertjes. De buitenzijden hebben deuren, langs waar de kiekens later vrijen loop zullen hebben.

Zooals men het nu heeft kunnen zien, is het kunstmatig broeien voor de pachteres eene winstgevende werkzaamheid en voor de rijke huisvrouw een aangenaam tijdverdrijf; voor de eene gelijk voor de andere zijn alle bezwaren uit den weg geruimd en er blijft niets over als aangename zorgen die een goeden uitslag moeten hebben.

De kunstmatige broeioven in de hofsteden, gebruikt om vroeger in 't jaar en te allen tijde meer kiekens voort te brengen, is heden de practische toepassing van de uitvinding. De geldmannen zullen in het toekomende zich van den broeioven meester maken, de zaak in het groot doen, aandeelen plaatsen zoowel als de ijzersmelterijen en al andere inrichtingen, waar op groote schaal alle slag van voorwerpen verveerdigd worden; maar hier zullen zij, hetgeen niet altijd gebeurt, zonder het minste gevaar van verlies, groote kroozen uitdeelen.

Wie had ooit kunnen denken dat het kweeken van kiekens en het uitkippen van cieren eene winstgevende nijverheid zou worden?

SLOTREDE.

HET kon niet beter passen. Wanneer wij de laatste drukproeven van dit werk aan 't verbeteren waren, ontvingen wij de verordeningen van de groote internationale of wederlandsche tentoonstelling, die plaats zou hebben op 30ⁿ Juni van dit jaar, in 't Brabantsche dorp Merchtem, in 't hert der hoenderstreek. Het was eene uitmuntende gelegenheid om ons werk op zekere wijze te toetsen, en die gelegenheid mochten wij ongetwijfeld niet laten ontsnappen.

Het is als een ware landdag, dien men aldaar ging houden, echte opene vergadering ter bespreking van alles wat de hoenderen betreft. Er zouden er komen van Mechelen, Dendermonde, Assche, Londerzeel, Merchtem, Steenhuffel, Kapelle-ten-Bosch, Opwijk, Malderen, Buggenhout en van vele andere plaatsen, medegebracht of opgezonden door groote en kleine landverbruikers, die hunnen kost winnen met hoenderen te kweeken en te vetten. Ook waren uitgenoodigd tot de vergadering de geleerde liefhebbers, die streven naar de volmaaktheid in 't hoenderenras, naar pracht in 't gevederte, naar overeenstemming in al de deelen van 't lichaam, en naar het nauwkeurigst naleven der goede regelen in de voortteling, volgens het oorbeeld van iedere orië.

Wij wilden weten of wij waarlijk de tolk van iedereen van hen mochten genoemd worden en of wij hunne gedachten over hoenderenkweek getrouw hadden weergegeven.

Daarom, terwijl iedereen zijne vogelen zou uitstallen, ten betooge van de deugdelijkheid zijner doenwijze, legden wij, te midden van de schriften over vogelteelt, ons werk neder.

Het ontwerp van de VIe internationale tentoonstelling, te Merchtem te houden, op touw gezet door de Nationale Maatschappij van Vogelteelt, was nauwelijks bekend gemaakt of het werd in deze gemeente met geestdrift vernomen, te meer toen men hoorde dat de opening er van zou geschieden onder het voorzitterschap van zijne Koninklijke Hoogheid, Prins Albrecht van België.

Op den gestelden dag was geheel Merchtem in feest; de neef van onzen Koning werd door de bevlagde en met groen versierde straten feestelijk naar het gemeentehuis geleid en van daar naar het lokaal der tentoonstelling.

De speelplaats der gemeenteschool was niet meer te erkennen : zij was ingenomen door eene overgroote tent voor de traliekoten, waarin de hoenderen zaten; binnen in de school waren de duiven, alsook de eieren, de gedoode hoenders en de voorwerpen van het Staatslandbouw-Museum uitgestald.

Rond de keviën, waarin de hanen kraaiden, de eenden schreeuwden en de duiven kirden, wemelde gedurende twee dagen eene dichte menigte menschen. Ieder bezoeker scheen een rechter te zijn en zijn oordeel te vellen; ieder wilde tusschen die vreemde en inlandsche rassen de beste leg- en broeihennen, de beste tafelkiekens uitkiezen.

Van de *Kempische*, *Mechelsche* en *Brakelsche*, van de *Brugsche* en *Ardeensche* hoenders, van alle werd er iets gezeid. Van deze laatste hebben wij in ons werk niet gesproken, niet dat wij ze als uitheemsche beschouwden, maar omdat wij uitsluitelijk handelden over de hoenderen van 't Vlaamsch neerhof. De vreemde rassen, *Roodkappen* en *Fransche Kortpooten*, *Spaansche Witooren*, *Andalousische* en *Minorksche*, *Leghorns* en *Wyandottes* bleven insgelijks niet onverlet.

De verbeterde tafelkiekens : *Brusselsche* en *Brakelsche*, werden vergeleken onder hen en met de vreemde : *Langshan*, *Schotsche Koekoek*, *Faverolles* en *Opington*.

De *Postduiven* (1) waren aangeteekend als *Gewone* of als *Antwerpsche* van Engelschen stam (*Antwerp Short faced*). Deze laatste waren klein in getal, maar van de eerste telden wij vijf-en-zestig uitstallingen. Inlandsche *Kroppers* waren er eenige, doch weinig *Velten*, en schier geen *Pauwsteerten*, *Pagadetten*, *Signors*, *Ringslagers* en *Speelderkes*. Twee koppels *Smerlen*, de eene blauw, de andere geluw, werden zeer opgemerkt.

Duiven, hanen, hennen en kiekens vindt men het meest op het Vlaamsche neerhof, de andere : kalkoenen, perelhoenders en pauwen, alsmede de verscheidene zwemvogels, als eenden en ganzen, zijn er zeldzamer. Dit scheen hier op klare wijze uit, want

---

(1) De platen, die wij hier inschuiven, moesten in het tweede boek : *De Duiven*, hunne plaats gevonden hebben ; wij geven ze hier, daar zij ons te laat zijn toegekomen.

de eerste waren er in overvloed, van de laatste zag men bijna geene.

Ook van duiven en hoenders mogen wij zeggen, dat wij oprechte Vlaamsche rassen bezitten; het ander gevogelte, kalkoenen, perelhoenders, pauwen, ganzen en eenden heeft hier nog geen eigen stamras

Reis- of Postduif.

met eigene kenteekenen. Ja er zijn hier wel eenden, die wij inheemsch noemen, en wij hebben te Merchtem er eenige stalen van kunnen zien, maar op alle hoeven nochtans in 't ronde vonden wij geheele benden witte *Aylesbury's*, die hier schenen volkomen te huis te zijn.

De levende tafelkiekens waren verdeeld in twee soorten : kook- en braadkiekens, en de laatste waren tweederlei : *Mechelsche* en *Merchtemsche*. Gevette en gedoode waren er ook; alsmede verscheidene gevette Merchtemsche kiekens van vier maanden en twee kilogrammen zwaar.

De toestellen om hoenderen en ander neerhofgevogelte te kweeken en te vetten, alsook om eieren

Koppel Antwerpsche duiven.

in te pakken, waren dezelfde die wij verleden jaar op de algemeene tentoonstelling van Antwerpen gezien hebben, doch nieuws was er niet bijgekomen.

In een hoekje vonden wij gedrukte briefjes met aanbevelingen van hulpmiddelen tegen de ziekten en kwalen der hoenders. Potjes en fleschjes, zalven en drankjes stonden er rond. Wij hebben in onze verhandeling voor de hoenders eenige raadgevingen gegeven nopens ziekten en kwalen, weinig nochtans, en voor de andere vogelen, hebben wij het niet gedaan, deels omdat de ziekten bij al de vogelen

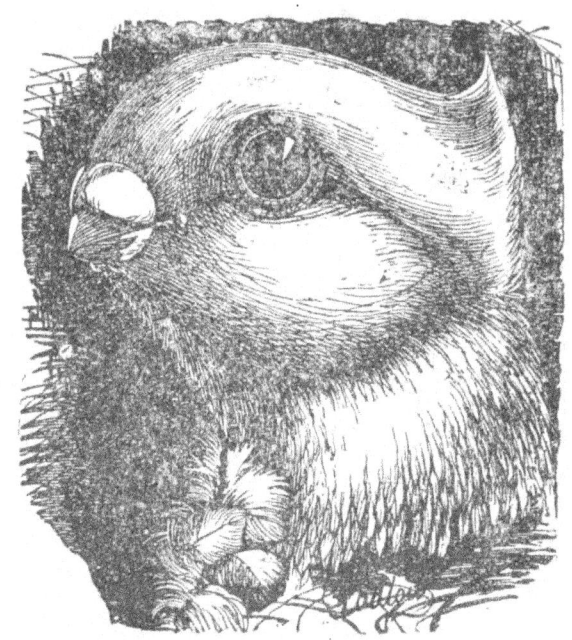

Krawatduif ook gezegd Smerle.

bijkans dezelfde zijn, deels omdat men in die gevallen niet te voorzichtig kan wezen en men beter eenen veearts te rade gaat. Die meesters immers staan u op den dag van heden ten dienste voor alle dieren, en achten, gelijk hunne voorzaten, de hoenders en ander gevogelte niet meer onweerdig van hunne zorgen.

Dat er rond de uitgestalde hoenders veel aangaande het kweeken en verzorgen, over de slechte en goede hoedanigheden der dieren gesproken werd, hoeft niet aangeteekend te worden. Een groot lijvig boek

Dragonderduif.

zou nog onvoldoende zijn om al die bemerkingen te bevatten. Men kon nochtans niet alleman laten spreken : de bekwaamsten onder de liefhebbers en hoenderfokkers werden alleen geroepen om, na de meening van iedereen aanhoord en gewogen te hebben, het laatste woord te zeggen en oordeel te strijken. Die mannen maakten deel van den keurraad.

Nu, de keurraad begon met te zeggen dat *Italiaansche* en *Russische* hoenders, uit vreeze voor besmettelijke ziekten, niet konden aanveerd worden. Dan deed hij zijne keus, de beste hoenders uitlezende om ze als toonbeeld in 't kweeken voor te stellen. Tusschen de leg- en broeihennen was er een verschil te maken, zoowel als tusschen de kiekens, bestemd om op onze tafels te verschijnen.

Iedereen heeft daar kunnen leeren dat de hoenderteelt niet op goed gelukken af mag gedaan worden, maar wel met kennis en oordeel; men dient wel te weten wat men wil bekomen, eieren of kiekens, en volgens het voorgenomen inzicht moet men een goed ras uitkiezen.

De tentoonstelling van Merchtem heeft eens te meer bewezen dat de toekomst in het hoenderkweeken aan de Vlaamsche rassen is; dat de landbouwer, met die te behouden en te verzorgen, meest winst zal hebben en tevens meest genoegen. Ook, waarom naar den vreemde gaan als wij hier te lande alles kunnen vinden wat wij noodig hebben? Waarom het schoone en ware woord van onzen dichter Ledeganck vergeten :

> Geen rijker kroon
> Dan eigen schoon ?

Dit was het leid- en hoofdgedacht van ons werk en de keurraad van de VIe internationale tentoonstelling van vogelteelt heeft het volkomen goedgekeurd, vermits hij ons boek vereerde met den

EERSTEN PRIJS,

EEN DIPLOMA EN EENE GOUDEN MEDALIE.

Nest in potaarde.

LIJST DER PLATEN.

		Bladz.
1	Kempische haan	24
2	Kempische hen	25
3	Brakelsche hen	27
4	Brakelsche haan	28
5	Mechelsche koekoek-haan	31
6	Mechelsche koekoek-hen	32
7	Antwerpsche dwergen	34
8	Brugsche vechters-haan	37
9	Brugsche vechters-hen	38
10	Beweegbaar hoenderhok	57
11	Beweegbare afsluitingen	59
12	Beweegbaar perk	62
13	Beweegbaar en ineenplooiend hok	63
14	Tweewielig hoenderhok	64
15	Hoenderhok op één wiel	65
16	Zinken drinkpot	68
17	Eetbak met ijzerdraad	68
18	Dubbele eetbak	69
19	Deegblok	69
20	Legbak	70
21	Tweede legbak	71
22	Kas voor het bewaren der eieren	76
23	Ovoscope	77
24	Versch ei	78
25	Bebroeid ei	78

Bladz.

26 Verplaatsbaar broeinest 79
27 Muit in ijzerdraad 85
28 Kweekkas 86
29 Kooi voor kiekens 86
30 Kweekkot zonder grond 87
31 Opplooibaar kweekkot 88
32 Hok voor hoenderen te mesten 92
33 Trechter voor den propdeeg 93
34 Geraamte van eenen haan 102
35 Voedingstoestel der hen 110
36 Ringslagers 141
37 Speelderkes 143
38 De duivenwoonsten 149
39 Algemeen vogelhok. Buitenste 150
40 Algemeen vogelhok. Binnenste 152
41 Duivenkeet aan eenen muur 153
42 Kalkoen 167
43 Perelhoender 175
44 Pauw 181
45 Rouaansche eend 193
46 Zwemkom voor eenden 196
47 Zwemkom voor eendekiekens 199
48 Gans uit de omstreken van Toulouse . . . 202
49 Broeioven 219
50 Doorsnede van den broeioven 220
51 Draaiende lade 221
52 IJdele lade 222
53 Gevulde lade 222
54 Warmtemeter 223
55 Kan voor 't warm water 224
56 In graden verdeelde emmer 225
57 Broeioven met thermosiphon 230
58 Lamp voor thermosiphon 231
59 Droogdoos 233
60 Droogdoos met wandelplaats 234

		Bladz.
61	Verzendingsdoos	235
62	De kunstmatige moeder	237
63	Kunstmatige moeder met briketten verwarmd	239
64	Vuurkastje in de kunstmatige moeder	239
65	Kweekdoos met glazen ramen	240
66	De Reis- of Postduif	246
67	Koppel Antwerpsche duiven	247
68	Krawatduif ook gezegd smerle	248
69	Dragonderduif	249
70	Nest in potaarde	251

INHOUDSTAFEL.

	Bladz.
INLEIDING	5
EERSTE BOEK. Hanen en Hennen.	9
EERSTE HOOFDSTUK. De vijanden der hoenders.	11
TWEEDE HOOFDSTUK. Onze Vlaamsche hoenderrassen.	18
De Kempische hoenders	23
Het Brakelsch hoen.	26
De Mechelsche koekoek	30
De Antwerpsche baarddwergen.	34
De Brugsche vechters	35
DERDE HOOFDSTUK. Standaard aangenomen door de Belgische maatschappijen van vogelteelt	42
De Mechelsche koekoek	42
» De haan	43
» De hen	45
» De punten die de Keurraad geven mag.	46
De Kempische hoenders	47
» Zilveren Kempische haan.	47
» Zilveren hen	49
» Gouden, witte en korte pooten	50
VIERDE HOOFDSTUK. Het hoenderkot.	52

Bladz.

Laatste verbeteringen : Beweegbaar en rollend hoenderkot. Beweegbare afsluitingen   56

VIJFDE HOOFDSTUK. De leghennen. 67

ZESDE HOOFDSTUK. De broeihen. 73

ZEVENDE HOOFDSTUK. De klokhen. 82

ACHTSTE HOOFDSTUK. Het inpakken der eieren.   89

NEGENDE HOOFDSTUK. Het vetten der hoenders   91

TIENDE HOOFDSTUK. Het kruisen der hoenders en het uitkiezen der beste hoenders . . . 96

ELFDE HOOFDSTUK. Nevenvoortbrengselen : Guano. — Pluimen 98

TWAALFDE HOOFDSTUK. Bouw van 't hoenderlichaam 101

DERTIENDE HOOFDSTUK. Hulp in ziekten en ongevallen 114

TWEEDE BOEK. De Duiven 126

EERSTE HOOFDSTUK. De duiven. 128

TWEEDE HOOFDSTUK. Onze Vlaamsche duiven 133

DERDE HOOFDSTUK. Ringslagers en speelderkes 139

VIERDE HOOFDSTUK. De duivenwoonsten . . 149

VIJFDE HOOFDSTUK. Vetten van duivenjongen . 156

ZESDE HOOFDSTUK. Het voeder 158

ZEVENDE HOOFDSTUK. Duifje zonder gal . . 161

DERDE BOEK. Kalkoenen, Perelhoenders en Pauwen 165

EERSTE HOOFDSTUK. De kalkoen 167

TWEEDE HOOFDSTUK. De pintade of perelhoen . 175

DERDE HOOFDSTUK. De pauw 180

	Bladz.
VIERDE BOEK. De Zwemvogels.	191
EERSTE HOOFDSTUK. De eendvogelen	193
TWEEDE HOOFDSTUK. De gans	201
VIJFDE BOEK. Het kunstmatig uitbroeien en opkweeken	209
EERSTE HOOFDSTUK. De broeiovens	211
TWEEDE HOOFDSTUK. De droogdoos	233
DERDE HOOFDSTUK. De kunstmatige moeder	237
SLOTREDE	243
LIJST DER PLATEN	253

LIJST DER UITGAVEN VAN HET DAVIDSFONDS.

1. J. Brouwers, Z. : Eerste algemeene vergadering. — 2. Dr J. R. Snieders : De Geuzen in de Kempen, 2 deelen. — 3. Dr P. Alberdingk Thijm : Een blik op de Vl. lettervr. — 4. D. Claes : Nijverheid en Christendom, enz. — 5. J. Brouwers, Z ; Het lager onderwijs in Zweden, enz. — 6. Guido Gezelle : Kerkhofblommen (2° uitgaaf). — 7. J. Bols : Reisje door Zwitserland. — 8. Dr P. Alberdingk Thijm : De vroolijke historie van Marnix en zijne vrienden. — 9. P. V. Bets : De Pacificatie of bevrediging van Gent. — 10. J. Brouwers, Z. : Verslag — 11. Mgr Dupanloup : Het kind, vertaald door D. Claes. — 12. Aug. Reichensperger : Over monumentale schilderkunst. — 13. Kan. Martens : Voordrachten van natuurwetens. aard. — 14. Dr P. Alberdingk Thijm : Spiegel van Nederlandsche letteren — 15. E. H. Claeys : Gemengde gedichten. — 16. A D Crake. B A. : Æmilius. — 17 18. Dr J. R. Snieders : De Goochelaar, 2 deelen. — 19. H. Formby : Het klein Romeinsch martelaarb., met pl. — 20. Kan. Martens : Reizen naar de Noordpool — 21-22. Fr. De Potter : De advertentie in de nieuwsbladen, 2 d. — 23 Arn. Maes : Reis naar Midden-Afrika. — 24. Jaarboek van het Davidsfonds voor 1880. — 25. Dr A Snieders : Alleen in de wereld. — 26. Ad. Duclos : Onze gelden van 1302. — 27. Novellen en verhalen. — 28 Jaarboek voor 1881. — h9-30. Dr J R Snieders : De Scheerslijper, 2 deelen. — 31. Dr Moroy en Prof J. Vanden Weghe : Het leven en de werken van kanunnik J. B David. — 32 Jaarboek voor 1882 — 33. Dr A. Snieders : Zoo werd hij rijk. — 34. Onderrichtingen over den landbouw. — 35. Kan. Martens : De opkomst der stoomtuigen — 36. Jaarboek voor 1883. — 37-38. J. Plancquaert : De Franschen in Vlaanderen 2 deelen. — 39. Altum : De vogel en zijn leven, vertaald door Fr. de Poorter. — 40. Jaarboek voor 1884 — 41. H. A. Roëll : De nieuwe burgemeester. — 42 Dr A. Snieders : De nachtraven. — 43 Kan. Martens : Op vacantie in Engeland. — 44. Jaarboek voor 1885. — 45. Oomen : Reis naar Rome en Jerusalem. — 46. Dr J. R. Snieders : Zonder God — 47. Kan. J. David : Vaderlandsche Historie. 1° deel. — 48 Jaarboek voor 1886 — 49. H. Staes : De soldaten van Christus. — 50 Hilda Ram : Bloemen en bladeren, gedichten. — 51. G. Gezelle : The song of Hiawatha, overgedicht in 't Vlaamsch. — 52. Kan. J. David : Vaderl. historie, 2° deel. — 53. Jaarboek voor 1887. — 54. F. De Hert, S. J. : De vuurbergen. — 55. Mej. E. Belpaire : Uit het leven. — 56. Dr A. Suieders : Fata Morgana. — 57. Kan. J. David : Vaderl. historie, 3° deel. — 58. Jaarboek voor 1888. — 59. Kan. Martens : In Schotland. — 60. H. Staes : Een duivelsch huwelijk. — 61. Kan. J. David : Vaderl. historie, 4° deel — 62 Jaarboek voor 1889. — 63. F. Van den Acker : Een hoekje van de Ardennen. — 64 A. H. Roëll : De Vassalen van Vlaanderen en de ronden van Henegouw. — 65. S. M. Coninckx' Dichtwerken. — 66 Kan. J. David : Vaderl. historie, 5° deel. — 67. Jaarboek voor 1890 — 68. Dr A. Snieders : Onze boeren — 69. R Millecam : Reus Finhard, 1° deel. — 70. Kan. J. David : Vaderl. historie, 6° deel. — 71. Jaarboek voor 1891. — 72. Millecam : Reus Finhard en Liederic van Buc, 2° deel. — 73. J. Buerbaum : Uit ons volk. — 74. Kan. J. David : Vaderl. historie, 7° deel (1° aflev.) — 75. Dr Claeys en de Ceuleneer : Het Vlaamsch op het Congres van Mechelen. — 76. Jaarboek voor 1892 — 77. Aloies Walgrave : De Broeders. — 78. Sevens : De Fransche revolutie in Vlaanderen. — 79. Van Speybrouck : Cristoffel Colomb. — 80. Kan J. David : Vaderl. historie, 7° deel (2° aflev.) — 81. Jaarboek voor 1893 — 82. Kan. Martens : Het water. — 83. Dr A. Snieders : Dit zijn sniderien — 84. J. David : Vaderl. historie, 8° deel

1e aflev.) — 85. Jaarboek voor 1894. — 86. E. Vliebergh : De boeren en de maatschappelijke zaak. — 87. Buerbaum : Neel Ceusters. — 88. J. David : Vaderl. historie, 8e deel (2e aflev. — 89. Hilda Ram : Nog een klaverken. — 90. Jaarboek voor 1895. — 91. Theodoor Sevens : Het Socialismus in België. — 92. Van Speybrouck : Het Vlaamsch Neerhof.

MUZIEKSTUKKEN.

1. Het Gondellied. — 2. *Trahit sua*. — 3. Tranen, woorden van H. Claeys, pr. Muziek van E. Tinel. — Per stuk 1,00
4. Drie ridders, w. van H. Claeys, pr. Muziek van E. Tinel 2,00
5. Zanglust, woorden van Sielbo. Muziek van G. Nauwelaars 1,00
6. Zeemanslied, w. van Mej. Belpaire. Muziek van E. Wambach . . . 1,50
7. Een zomernacht, w. van S. Janssens. Muziek van J. Van Vlemmeren 1,00
8. 't Molenrad, w. van Hilda Ram. Muz. van Joz. d'Hooghe 1,00
9. Loverkens, w. van Hoffmann van Fallersleben. Muziek van Tinel . —
10. Lief duifken, w. van Alf. Janssens. Muziek van J. d'Hooghe. . . . 1,00
11. *Ave Maria*, w. van Aug. Snieders. Muziek van E. Wambach 0,75
12. 't Oude lied, w. van A. Janssens. Muziek van J. d'Hooghe 1,50
13. De Schelde, w. van Th. Sevens. Muziek van K. Mestdagh 1,00
14. Hosanna, w. van P. Caluwaert. Muziek van A. Vanden Eynde . . . 1,00
15. Moeders klacht, muziek van A. Berg 2,00
16. Lief Knapelyn, w. van H. Peters Muziek van Em. Wambach . . . 1,00
17. Ik volg u, w. van Van der Hoop, jn. Muziek van Em. Wambach . . 1,00
18. Waar? woorden van Tollens. Muziek van Em. Wambach. 1,00
19. Aan een viooltje, w. van Am. Joos. Muziek van Joz. d'Hooghe. . . 1,00
20. Er glanst eene sterre, woorden van P. H. Caluwaert. Muziek van A. Vanden Eynde 1,00
21. Van alle landen die er zijn, woorden van Tollens. Muziek van Em. Wambach 1,00
22. Schoon is het blauw, w. van Tollens. Muziek van Em. Wambach . 1,00
23. Voor de Eerste communie, woorden van den Eerw. Heer De Lepeleer. Muziek van Van Vlemmeren 1,00
24. Mijn oud, mijn Vlaamsche lied, woorden van L. Marcelis. Muziek van Joz. d'Hooghe 1,80
25. Het liefste liedje dat ik hoor, woorden van Th. Coopman. Muziek van Em. Wambach 1,00
26. Vlaanderland, w. van Ed. van Bergen. Muziek van Em Wambach . 1,00

MUZIEKDEPOTS VAN HET DAVIDSFONDS.

Beyer, Siffer, *Gent;* Ceysens, *Hasselt;* Bongaers-Verbeke, *Herenthals;* Van In, *Lier;* Possoz, *Antwerpen;* Daman, *Leuven;* Ingelberts, *Aarschot.*

www.ingramcontent.com/pod-product-compliance
Lightning Source LLC
Chambersburg PA
CBHW062319220526
45469CB00008B/2558